TRIZ

产品创新设计

高常青　编著

机械工业出版社
CHINA MACHINE PRESS

开发出有竞争力的产品，是制造业企业提高自身竞争优势的重要保障因素。在模糊前端和新产品开发、商品化等阶段，均会出现各种技术障碍，制约着企业的产品研发等技术创新行为。本书以产品设计的一般流程为切入点，详细地介绍了发明问题解决理论（TRIZ）的理论体系和在产品研发过程中的应用，包括技术进化理论、效应、功能分析、冲突解决、物质-场分析、创新思维、资源分析等内容。

本书特别适合于企业创新工程师的培训与企业创新团队的组建，也适合于企业管理人员、研发人员、工科研究生、本科生及 MBA 学生参考使用。

图书在版编目（CIP）数据

TRIZ：产品创新设计/高常青编著 .—北京：机械工业出版社，2018.9
（2025.4 重印）

ISBN 978-7-111-61029-8

Ⅰ.①T… Ⅱ.①高… Ⅲ.①创造学-研究②产品设计-研究 Ⅳ.①G305
②TB472

中国版本图书馆 CIP 数据核字（2018）第 222137 号

机械工业出版社（北京市百万庄大街 22 号 邮政编码 100037）
策划编辑：贺 怡 申永刚 责任编辑：贺 怡 申永刚 张丹丹
责任校对：佟瑞鑫 封面设计：马精明
责任印制：单爱军
北京虎彩文化传播有限公司印刷
2025 年 4 月第 1 版第 4 次印刷
169mm×239mm · 13 印张 · 1 插页 · 250 千字
标准书号：ISBN 978-7-111-61029-8
定价：59.00 元

电话服务 网络服务
客服电话：010-88361066 机 工 官 网：www.cmpbook.com
　　　　　010-88379833 机 工 官 博：weibo.com/cmp1952
　　　　　010-68326294 金 书 网：www.golden-book.com
封底无防伪标均为盗版 机工教育服务网：www.cmpedu.com

21 世纪是知识经济引领社会发展的世纪，科技创新进一步成为社会和经济发展的主导力量，世界各国综合国力的比拼越来越体现为以知识服务与技术创新为主要内容的知识产权的竞争，"创新"已经成为这个时代的主旋律，成为影响一个国家与民族发展的决定性因素。在建设创新型国家的过程中，我国正处于"实施创新驱动发展战略""推动大众创业、万众创新"的关键阶段，山东省面临新旧动能转换重大工程实施的历史性机遇，加强技术创新方法的理论研究与工程应用，是实现科技体系助力企业经济转型的一项重要内容。

2008 年 4 月，国家发展和改革委员会、科学技术部、教育部、中国科学技术协会联合发文，要求在全国推广 TRIZ 理论与方法，从源头上推进创新型国家建设，并出台了《关于加强创新方法工作的若干意见》（国科发财〔2008〕197号），引导全国范围内的创新方法研究与推广工作。随着国内创新方法试点省份工作的推进，创新方法对于促进企业自主创新能力的提升效果逐渐显现，得到了社会各界的普遍关注。创新方法工作是实施创新驱动发展战略的重要支撑举措之一。

企业与高校是开展创新方法工作的两个重要阵地。目前，企业内部的工程师、高校中的大学生和研究生对于学习与应用创新方法的需求日益迫切。随着创新工程师认证的标准化工作的深入与实施，创新方法的学习越来越受到社会众多群体的重视。在此背景下，我们总结了近年来的部分理论研究与工程应用的成果，汇成此书并出版，希望能对大家的学习提供一些帮助。

本书的内容是济南大学 TRIZ 研究所近年来的部分研究与应用成果。作者获得了国家自然科学基金（51775239、50905074）、科技部创新方法工作项目（2009IM021000、2012IM020700、2013IM022300）、国家科技支撑发展计划（2015BAD20B02）、山东省科技发展计划（2014GGX106003）、山东省大型仪器升级改造项目（2012SJGZ15）、济南大学学科建设重点项目（XKTD1420）等多方面的资助，使得作者对 TRIZ 理论展开了持续的研究与应用工作。由衷感谢国家科学技术部、国家自然科学基金委员会、山东省科学技术厅、济南大学等各级部门对创新方法和创新设计理论研究的支持。

书中观点与论述中有不妥之处，敬请读者批评指正。

编　者

Contents

第 1 章

绪 论

近年来，我国政府持续强调并强化"技术创新"在国民经济发展中的作用。推广应用创新方法是实现创新型国家建设的重要途径之一，其根本目的在于提高企业的创新能力，培养创新型人才。企业技术创新过程的实现取决于创新过程中有效的知识应用。如何应用创新方法服务于企业的技术创新过程引起了社会各界的广泛关注。

1.1 我国制造业面临的挑战

从一定程度上讲，制造业体现了一个国家的生产力发展水平。近 30 年来，我国制造业得到了长足的发展，规模可观。但是，制造业"大而不强"的局面，应当引起国人的高度重视。由于缺乏自主知识产权，中国制造业长期处于国际化分工的外围和产业链的末端，利润空间小，不利于自身的可持续性发展。

1.1.1 经济结构调整与可持续性发展的迫切需求

从 20 世纪 70 年代以来，科技创新迅猛发展，科学技术成为第一生产力，提高创新能力成为经济增长的主要驱动力。经济发展模式从以资本、劳力、资源为支撑的传统经济发展模式，转向以知识、人才、信息为依托的创新发展模式。

2014 年，我国 GDP 总量达到 63.6 万亿元，人均 GDP 大约为 7575 美元，进入了中等偏高收入的国家行列。"中等收入陷阱"作为一个客观存在，从历史上看，深度影响了众多国家和地区的经济发展，如拉美漩涡、东亚泡沫、西亚北非危机等。目前，我国经济发展过程中的人工成本、资源成本、环境成本、技术进步成本均大幅度提高，依靠土地、人力、资源等生产要素来驱动经济发展已经难以为继，为了实现良性的经济发展，发展模式需要从生产要素驱动、市场驱动转变为技术创新驱动。

我国政府提出实施创新驱动发展战略，强调科技创新是提高社会生产力和综合国力的战略支撑，必须摆在国家发展全局的核心位置。

1.1.2 企业自主创新能力提升的迫切需求

创新型国家的建设成功，取决于出现大批的民族"创新型企业"。近年来，世界制造业逐步形成国际化分工体系，全球技术创新中心与加工中心逐步分离，但技术创新中心对加工中心的控制逐步加强。尽管低端加工制造业的转移给发展中国家和地区带来了发展的机遇，但是资源、环境的破坏，对国家宏观经济的负面影响日益突显，更令人担忧的是，该过程并未有使得民族企业获得更好的竞争优势，反而使得"加工中心"对"技术创新中心"的依赖程度越来越强。

在知识经济时代，专利战略是成功跨国企业保持竞争优势的重要手段。诸如"苹果""三星"等跨国企业之间的"专利战"，正在反复上演；我国企业走出国门后，遭受竞争对手起诉的"专利侵权"事件也屡屡发生。要改变这一现状，我国企业自主创新能力必须提高。

另外，复杂的国际形势不断警示我们，部分西方国家处于自私的目的，对发展中国家和地区的干扰从未停止过，维护国家主权和领土完整，始终是我们的历史性任务。而任何行业的真正核心技术，特别是涉及国防安全的行业，技术进步不可能通过"经济行为"直接获得。自主创新是企业发展的不二选择。

1.1.3 企业对于创新人才与创新方法的迫切需求

国家与国家之间竞争、企业与企业之间的竞争，归根结底是人才的竞争。尽管成功创新的决定性因素有很多，但是在若干企业技术创新的阻碍因素当中，"缺乏创新人才"依然是首要因素。企业技术创新的阻碍因素的相关数据见表1-1。

表1-1 企业技术创新的阻碍因素的相关数据

阻 碍 因 素	次 序
缺乏创新人才	1
缺乏足够投入	2
企业创新能力落后	3
缺乏市场竞争压力	4
缺乏优惠政策	5
缺乏创新收益保障	6
缺乏有利于创新的制度	7
缺乏企业家精神	8
员工缺乏积极性	9

美国心理学家Sternberg等的研究指出，个体创造力与智力、知识、思维模式、人格、动机和环境等因素相关。研究表明，当个体的IQ达到一定水平后，智力因素对创造能力的影响很小。

但是，相关学者的研究结果并不乐观。法国心理学家Antwan Ribaut认为通常18岁是人的创造力高峰期，然后创造力逐步减弱；Altshuller指出，人在14岁时，就达到了其创造力的高峰；Boris Zlotin的研究发现，人的创造力会在21岁左右时，迅速达到谷底，如图 1-1 所示。在高校中培养创新型人才，在企业中培养创新工程师是一项刻不容缓的历史性任务。

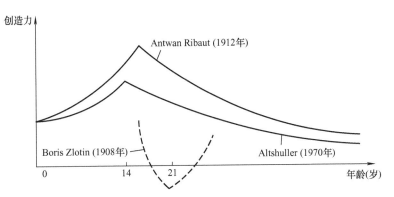

图 1-1　创造力变化趋势对比（Ribaut、Altshuller 和 Zlotin）

"授之以渔"而非"授之以鱼"的重要性为社会所接受。创新人才缺乏的重要原因之一是对于创新方法缺乏了解与掌握。社会各界迫切需要能够指导技术创新过程的系统化创新方法学。

1.2　新产品研发与设计

产品是企业实现自身价值的重要途径，是企业参与市场竞争的主要载体。新产品开发是企业内部重要的研发活动。

1.2.1　为什么需要研发新产品

任何产品的存在都有自身的生命周期。一方面，由于技术的进步、人们需求方式与内容的变化，现有产品的各项技术指标很可能逐步不能满足市场的需求；另一方面，现有产品之间的同质化竞争，使得企业之间的竞争日益残酷，而价格战会导致利润空间逐步减小，不利于企业的进一步发展。因此，任何一个企业不能仅依赖于一款产品而一劳永逸。

新产品的推出，往往伴随着新颖功能原理的出现，使产品性能差异化效果显著，产品价值的提升，为企业带来丰厚的利润空间。新产品开发是企业提升竞争能力的重要手段。

1.2.2 技术创新过程模式

从 20 世纪 50 年代以来，技术创新过程的研究经历了五代有代表性的模式。

第一代：技术推动型模式（Technology Push Model，20 世纪 50 年代～60 年代中期），如图 1-2 所示。

图 1-2　技术推动型模式

该模式假设从来自应用研究的科学发现到技术发展和企业中的生产行为，并最终导致新产品进入市场都是一步步前进的。该模式的另一个基本假设就是更多的研究与开发就等于更多的创新。当时，由于生产能力的增长往往跟不上需求的增长，所以很少有人注意市场的地位。

第二代：市场拉动型模式（Demand Market Pull Model，20 世纪 60 年代～70 年代），如图 1-3 所示。

图 1-3　市场拉动型模式

20 世纪 60 年代后期是一个竞争增强的时期，这时生产率得到显著提高，尽管新产品仍在不断开发，但企业关注的更多是如何利用现有技术变革，扩大规模，多样化实现规模经济，获得更多市场份额。许多产品已经基本供求平衡，企业创新过程开始重视市场的作用，因而导致了市场需求拉动模式的出现。该模式中，市场被视为引导开发的思想源泉，而研发是被动地起作用。

第三代：技术与市场的耦合互动模式（Interactive and Coupling Model，20 世纪 70 年代后期～80 年代中期），如图 1-4 所示。

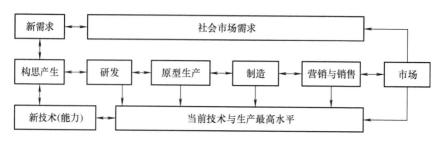

图 1-4　技术与市场的耦合互动模式

大量研究显示，先前的技术创新过程模型对科学、技术和市场的描述过于简单和极端化，并且不典型。于是，Mowery 和 Rosenberg 总结提出了创新过程的耦合互动模式。

第四代：并行模式（Integration Parallel，20 世纪 80 年代早期~90 年代早期），如图 1-5 所示。

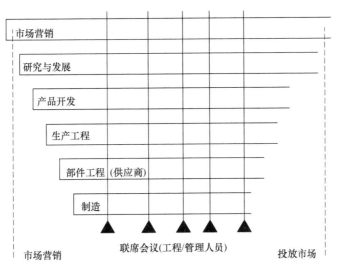

图 1-5　并行模式

进入 20 世纪 80 年代，企业开始关注核心业务和战略问题。当时领先的日本企业的两个最主要特征是一体化（Integration）与并行开发（Parallel Development），这对于当时基于时间的竞争（Time Based Competition）是至关重要的。

虽然第三代创新过程模式包含了反馈环，有些职能的交互与协同，但它仍是逻辑上的连续的过程。Graves 在对日本汽车工业的研究中总结提出了并行模式，其主要特点是各职能间的并行性和同步活动期间较高的职能集成。

第五代：系统集成与网络化模式（System Integration and Network Model，20 世纪 80 年代末期至现在），如图 1-6 所示。

越来越多的学者和企业意识到，新产品开发时间正成为企业竞争优势的重要来源。但产品开发周期的缩短也往往意味着成本的提高。Graves 指出，新产品开发时间每缩短 1%，开发成本将平均提高 1%~2%。为此，在这种基于时间的竞争环境下，企业要提高创新绩效，必须充分利用先进信息通信技术和各种有形与无形的网络进行集成化和网络化的创新。

Rothwell 指出，第四代和第五代创新过程模式的主要不同是第五代创新使用了先进的 IT 和电子化工具来辅助设计和开发活动，这包括模型模拟、基于计算机的启发式学习以及使用 CAD 和 CAD/CAE 系统的企业间和企业内的开发合作。开发

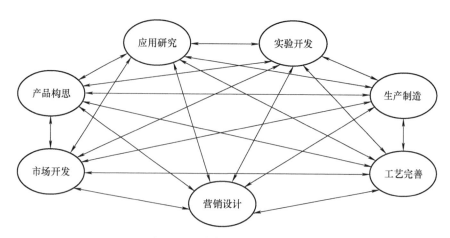

图 1-6 系统集成与网络化模式

速度和效率的提高主要归功于第五代创新过程的高效信息处理创新网络，其中现今的电子信息通信提高了第四代创新的非正式（面对面）信息交流的效率和效果。

以上模式是通过分析创新过程而得出的。其中前两种模式实际上是离散的、线性的模式。线性模式把创新的许多种来源简化为一种，没有反映出创新产生的复杂性和多样性。离散模式把创新过程按顺序分解为多个阶段，各阶段间有明显的分界。交互作用模式的提出一定程度上认识到线性模式的局限性，增加了反馈环节，但基本上还是机械的反应模式。第四代和第五代创新过程模式的出现，是技术创新管理理论与实践的飞跃，标志着从线性、离散模式转变为一体化、网络化复杂模式。由于创新过程和产品对象的复杂性大大增强，所以创新管理需要系统观和集成观。而现代信息技术和先进管理技术的发展为第四代、第五代模式的应用提供了有力支撑。

1.2.3 现代设计理论与方法

设计是人类的基本实践活动，进入 20 世纪 60 年代以后，产品设计理论的研究得到了极大的发展。产品设计方法学是研究产品设计的过程、规律及设计思维和工作方法的一门综合性学科。设计方法学的研究结果包括设计理论与设计方法。设计理论是研究产品设计过程的系统行为和基本规律，设计方法是产品设计的具体手段。

目前的产品设计问题一般表述为以经验为基础的演绎、归纳的设计过程。设计是从需求出发寻求设计出的产品解的过程，研究设计理论的目的在于发展新一代用计算机可帮助产品设计人员高效率与高质量地寻求设计解的技术。通过对有关设计方面的文献资料的综合与分析我们发现，现代产品设计理论与方法的研究主要集中在以下三个方面：设计本质的研究、设计过程的研究和设计技术的研究，见表 1-2。通常一种设计理论涉及多个研究主题。

表 1-2 现代设计理论与方法的研究

研究主题	研究内容
设计本质的研究	侧重于从哲学与认知学的角度对人类设计活动的认知模型进行研究，探讨设计活动的本质。如日本东京大学的吉川弘之提出了通用设计理论（General Design Theory，GDT），研究总结了人类设计过程，提出了反映设计本质的三个公理。山东大学黄克正教授提出了分解重构理论（Principle of Decomposition and Reconstitution），指出新发明（设计）的本质是现实世界的分解和重新组合构造
设计过程的研究	研究设计活动进行的步骤与方式，可分为描述型与规定型两类。描述型过程模型对设计过程中可行的活动进行描述，强调求解的思路，如 French 的四阶段进程。规定型过程模型规定设计过程所必需的活动，规定出较好的活动模式，如 Koller 提出的四阶段进程及 Cross 设计进程
设计技术的研究	针对产品设计过程的某些阶段或某些方面研究其具体实现的方法。目前该方面的研究主要涉及设计的基本理论与技术、设计过程某阶段的研究、设计方法及 DFX 设计等方面。如并行设计、系统设计、功能设计、价值工程、虚拟现实、仿真技术、人工智能理论、概念设计、公差设计、参数化设计、优化设计、田口设计方法、绿色设计、设计自动化等

质量功能展开（Quality Function Deployment，QFD）、公理化设计（Axiomatic Design，AD）、通用设计理论、泛设计理论（Universal Design Theory，UDT）、Pahl 和 Beitz 的系统化设计理论（Systematic Approach of Pahl and Beitz，SAPB），均为工业界当今应用广泛的设计理论。

1.3　发明问题解决理论（TRIZ）

苏联发明专家 G. S. Altshuller 认为只有 1% 的专利是首创，其余都是利用前人已知的想法或概念，加上新奇方法而形成的。发明问题解决理论 TRIZ 是将原俄文字母转换成拉丁字母（Teorja Rezhenija Inzhenernyh Zadach）的缩写，其英文缩写为 TIPS（Theory of Inventive Problem Solving）。该理论是 G. S. Altshuller 等人自 1946 年开始，在研究世界各国大量高水平专利的基础上，提出的具有完整体系的发明问题解决理论。20 世纪 80 年代中期以后，随着苏联的解体，有些 TRIZ 专家移居发达国家，逐渐把该理论介绍给世界，对产品开发与创新领域产生了重要影响。G. S. Altshuller 坚信解决发明问题的基本原理是客观存在的，这些客观存在可以被整理而形成一套理论，掌握该理论的人不仅可以提高发明成功率、缩短发明周期，也可以使发明问题的解具有可预见性。

应用 TRIZ 能为企业带来如下好处：

1）TRIZ 帮助解决"日常"及"长期"不能解决的问题，使企业可以开发下一代的产品与工艺。

2）TRIZ 帮助形成新概念所需要的高质量设想。

3）TRIZ 帮助打破思维惯性的束缚。

4）TRIZ 提高工程师们解决跨领域问题的能力。

5）TRIZ 提高工程师发现问题、解决问题的能力及创新能力。

当今，世界 500 强企业多出于以下目的应用 TRIZ：

1）快速解决问题，产生新设想。

2）预测技术发展，跟踪产品进化的过程。

3）对本企业的技术形成强有力的专利保护。

4）最大化新产品开发成功的潜力。

5）合理利用资源。

6）改善对用户需求的理解。

7）节省新产品开发过程中的时间与资金。

1.3.1 TRIZ 发展简史

TRIZ 的发展简史见表 1-3。

表 1-3　TRIZ 发展简史

年　份	内　容
1946—1950	G. S. Altshuller 开始研究 TRIZ 早期的培训。同时，他已认识到解决技术冲突是获得创新解决方案的关键
1950—1954	1950 年，G. S. Altshuller 给斯大林写了一封信，批评当时苏联的创新系统。结果，他作为政治犯被捕入狱。1954 年他被释放，恢复名誉

（续）

年 份	内 容
1956	G. S. Altshuller 和 R. Shapiro 发表了一篇论文——关于技术创造（Journal Questions of Psychology，1956，6：37 - 49）。该文是第一篇正式发表的 TRIZ 论文，介绍了技术冲突、理想化、创造性系统思维、技术系统完整性定律、发明原理等。同年，最初的发明问题解决算法也诞生了。该算法包含 10 步及最初的 5 条发明原理（到 1963 年变成了 40 条发明原理的一部分）。发现新的发明原理的研究开始
1956—1959	发明问题解决算法，包含 15 步和 18 条发明原理，其中一步为理想解，诞生了"理想解"的概念
1963	术语"ARIZ"正式引入。一种改进的 ARIZ 算法包含 18 步及 7 条发明原理。G. S. Altshuller 发表了最初的技术系统进化系统定律
1964	提出了改进的 ARIZ 算法，包含 18 步及 31 条发明原理，同时提出了技术冲突解决矩阵的最初形式，该矩阵有 16 × 16 个参数
1964—1968	诞生了另一个 ARIZ 版本，包含 25 步及 35 条发明原理，更新了矩阵（32 × 32 个参数）。同时，G. S. Altshuller 和他的同事开始研究创新思维系统并提出了理想机器的概念
1969	G. S. Altshuller 建立了 AZOIT（阿塞拜疆创新与发明研究所），这是 USSR 的第一个 TRIZ 培训与研究中心，之后又建立了 OLMI（发明方法公共实验室），该实验室为全国 TRIZ 的推广应用提供资源
1971	ARIZ - 71 诞生，包含 35 步及 40 条发明原理，冲突解决矩阵已包含 39 × 39 个参数（该矩阵到今天一直应用）。同时，Yuri Gorin 开展了物理效应知识库的研究，该知识库与通用技术功能相关联
1974	在圣彼得堡建立了 TRIZ 学校，校长是 V. Mitrofanov，该学校是苏联最有影响的 TRIZ 学校
1975	G. S. Altshuller 提出了物质-场模型及 5 种标准解。ARIZ - 75B 包含 35 步及一些 TRIZ 新概念，如物理冲突、物质-场模型等
1977	提出了 ARIZ - 77，包含 31 步，引入物理冲突，发表了 18 个标准解
1979	G. S. Altshuller 出版了《创造是一门精密的科学》一书。同时，他定义了技术系统进化理论并将其作为另一个研究主题，确定了若干技术进化路线。这就是后来的技术进化系统 9 定律
1982	ARIZ - 82 诞生，包含 34 步，引入了 X - 元件及小问题的概念，还引入了一个冲突表、物理冲突解决原理和聪明小人方法，发表了 54 条发明原理。G. S. Altshuller 启动了生物效应的研究，认为与物理效应研究类似。TRIZ 开始在其他领域应用，如数学及艺术

（续）

年　份	内　容
1985	发布了 ARIZ-85C。直到今天，该算法都是被广泛接受的 ARIZ 版本。它包含 32 步及一些建议，采用时间、空间及物质-场资源，获得理想解。标准解系统被分为 5 类，共 76 个标准解（沿用至今）。同时，物理效应知识库、几何及化学效应知识库也开发成功。G. S. Altshuller 得出结论：ARIZ-85C 不需要再进一步改进，因为该算法已经过成千上万个实际问题的检验。他认为 ARIZ 及技术进化系统的进一步发展是 OTSM（创新思维通用理论）。同时，一组 TRIZ 专家——B. Zlotin、S. Litvin 和 V. Guerassimov 开始研究功能-成本分析（FCA），新的 TRIZ 版本为 FCA-TRIZ（现在已很少采用 FCA-TRIZ，认为功能分析是 TRIZ 的一部分）。并行的研究还有系统进化定律及趋势的研究，获得了一些趋势及技术进化路线。当时被接受的 FCA-TRIZ 版本包括 ARIZ-85C、效应知识库（包括物理、化学、几何效应）、76 个标准解、功能理想化［或称为裁剪（Trimming）］
1986	G. S. Altshuller 将他的研究转向创新个性。他与他的助手 I. Vertkin 一起研究了大量具有创造性名人的传记，开始研究"创造性个性开发理论（TRTL）"。该理论将确认具有创造性的人才生命中所遇到的冲突类型及他们如何解决冲突。在这段时间，面向儿童的 TRIZ 版本出现了，并在很多学校及幼儿园进行了实验。如果在这之前解决问题均采用 ARIZ，现在开始单独使用不同的方法，如标准解、效应等
1989	第一个基于 TRIZ 的计算机辅助创新软件在 IM（Invention Machine™）实验室（USA）诞生了（后来进化为 TechOptimizer™ and Goldire Innovator™）。该软件包括功能分析、40 条发明原理、技术冲突解决矩阵、76 个标准解、效应知识库、特征传递（新系统产生）等。同时，技术效应知识库建立了技术功能与特定技术之间的关系。N. Khomenko 开始大量研究 OTSM，该研究开发儿童或成年人与领域无关的强大思维能力。也是在该年，苏联 TRIZ 联合会成立
1990	《TRIZ》杂志诞生。该杂志由于经济原因 1997 年停刊，2005 年又复刊
1990—1994	G. S. Altshuller 和 I. Vertkin 出版了《创造型人才人生战略》。在该书中，他们总结了"创造性个性开发理论"的成果。基于 TRIZ 的另一个软件 Innovation Workbench™ 诞生了（USA Ideation International 公司）。该软件包括第一个用于创新环境的因果分析 TRIZ 技术：问题分析器、发明操作、发明原理、标准解、物理效应等（现在 Ideation International 提供各种 TRIZ 软件）
1994—1998	苏联 TRIZ 联合会变成了国际 TRIZ 联合会。1998 年，G. S. Altshuller 去世。TRIZ 进一步的协调研究似乎停滞了。1996 年网上杂志《TRIZ JOURNAL》（http：//www.triz-journal.com）诞生了

（续）

年 份	内 容
1998—2004	由不同 TRIZ 专家领导的组织开发自己的 TRIZ 版本（I - TRIZ、TRIZ + 、xTRIZ、CreaT-RIZ、OTSM - TRIZ），一系列的 TRIZ 工具诞生了。1998 年之前由 G. S. Altshuller 主持开发的 TRIZ 称为经典 TRIZ，以防止混淆。软件 Creax（比利时）第一版 "Innovation Suite" 问世。在非技术领域继续对 TRIZ 进行研究（目前主要的领域是商业及管理、面向儿童的 OTSM - TRIZ 和面向教学的 TRIZ）。在经典 TRIZ 版本之外，解决技术冲突的新版矩阵（被称为矩阵 2003）出现了，40 条发明原理在不同领域（商业、艺术、建筑、不同工业领域等）中得到了应用。经典的 40 条发明原理及矩阵一直被采用，尽管其可应用性受到一些限制。一种 TRIZ 的简化版出现了，即系统发明思维（SIT）及其变形（ASIT，高级系统发明思维；USIT，标准化系统发明思维），但这种理论忽略了一些 TRIZ 的核心概念而不被 TRIZ 群体所支持。欧洲 TRIZ 联合会（ETRIA）、法国 TRIZ 联合会和意大利 TRIZ 联合会（APEIRON）成立。Altshuller TRIZ 研究所（Altshuller Institute for TRIZ Studies）在美国成立
2004 年至今	面向解决复杂问题的新工具出现了：根冲突分析（RCA +）、问题流技术、问题网络。复杂问题的解决是 TRIZ 的薄弱环节，这些工具适合于面向复杂问题冲突网络求解过程的管理。基于上述研究的新工具不断出现，如失效预测（AFD）、雷达预测等。出现了 ARIZ 新版本，但需要经过大量实例的检验。同时，出现了关于 150 个标准解的建议。技术系统不同的进化趋势显现，新的技术进化路线被引入，Ideation International 公司提出了 400 条技术进化路线。TRIZ 与 QFD 或 SIX SIGMA 集成为一个新研究方向

1.3.2　TRIZ 的体系结构

　　任何问题的解决过程都包含两部分：问题分析和问题解决。成功的创新经验表明，问题分析和系统转换对于解决问题都是非常重要的。因此，TRIZ 包含用于问题分析的分析工具、用于系统转换的基于知识的工具和理论基础。

　　技术系统的进化模式或定律是 TRIZ 的基础。这些模式包含用于工程系统进化的基本规律，理解这些模式可以增强人们解决问题的能力。

　　TRIZ 分析工具包含 ARIZ 算法、物质-场分析、冲突分析和功能分析，这些工具用于问题模型的建立、分析和转换。它们并不是要利用存在问题的产品的每一条信息，而是用一种特殊的方式，如冲突、物质-场模型或功能模型来表示一个问题。

　　（1）**物质-场分析**　　G. S. Altshuller 对发明问题解决理论的贡献之一是提出了功

能的物质-场（Sublance - feld）描述方法与模型。其原理为所有的功能都可分解为两种物质及一种场，即一种功能由两种物质及一种场三个元件组成。产品是功能的一种实现，因此可用物质-场分析产品的功能。

（2）**ARIZ 算法** ARIZ（Algorithm for Inventive - Problem Solving）称为发明问题解决算法，它是 TRIZ 的一种主要工具，是发明问题解决的完整算法，该算法采用一套逻辑过程逐步将初始问题程式化。该算法特别强调冲突与理想解的程式化，一方面技术系统向着理想解的方向进化，另一方面如果一个技术问题存在冲突需要克服，该问题就变成一个发明问题。应用 ARIZ 取得成功的关键在于没有理解问题的本质前，要不断地对问题进行细化，一直到确定了物理冲突。该过程及物理冲突的求解已有软件支持。

（3）**功能分析** 功能分析的目的是从完成功能的角度而不是从技术的角度分析系统、子系统和部件。该过程包括裁剪，即研究每一个功能是否必需，如果必需，系统中的其他元件是否可完成其功能。设计中的重要突破、成本或复杂程度的显著降低往往是功能分析及裁剪的结果。

TRIZ 包含基于知识的工具：40 条发明原理、76 个标准解和效应知识库。这些工具是在积累人类创新经验和大量专利的基础之上发展起来的。基于知识的工具与分析工具的不同之处在于：基于知识的工具指出解决问题的过程中系统转换的方式，而分析工具用于改变问题的描述。

（1）**40 条发明原理** 用于指导 TRIZ 使用者找出用于创新的解决方案。每一种解决方案都是一个建议，应用该建议可以使系统产生特定的变化，以消除技术冲突。在解决大约 1250 项已知冲突时，冲突矩阵会推荐应当考虑的原理。

（2）**76 个标准解** 用于解决基于技术系统进化模式的标准问题。按照目标，这些标准解被分为 5 类，分类中解的顺序反映出技术系统的进化方向。要使用这些工具，必须先确定问题的类别（基于物质-场模型），然后再选定一系列标准解。这些标准解会建议采用哪一种系统变换来消除存在的问题。

（3）**效应知识库** 该知识库是 TRIZ 中最容易使用的一种工具。在对其进行研究的早期阶段，G. S. Altshuller 就已验证：对于一个给定的难题，运用各种物理、化学和几何效应可以使解决方案更理想和简单，而要实现这一点，必须开发出一个大型的知识库。要使用效应知识库，必须先选定一项系统要实现的适当功能，然后知识库会提供一些可选择方案来转换功能。

1.3.3　TRIZ 的研究现状

经过近 60 年默默无闻的发展及近十几年的迅速爆发性的普及与应用，在市场及技术竞争日趋激烈的环境下越来越显示出 TRIZ 作为创造性地解决产品设计及制造过程中问题的一个有效工具所发挥的重要作用。由于 TRIZ 在创新概念设计过程中的强大功能，在全世界范围内掀起了研究 TRIZ 的热潮，TRIZ 的研究与实践得以迅速普及和发展。俄罗斯、瑞典、日本、以色列、美国等都成立了 TRIZ 研究中心，TRIZ 方法也已广泛应用于工程技术领域，并在多个跨国公司迅速得以推广并为其带来巨大收益。如今，它已在全世界广泛应用，创造出成千上万项重大发明。

经过半个多世纪的发展，如今 TRIZ 已经发展成为一套解决新产品开发实际问题的成熟理论和方法体系，并经过实践的检验，帮助众多知名企业取得了重大的经济效益和社会效益。在美国，许多公司都致力于以 TRIZ 为核心原理开发计算机辅助创新软件，如美国 Invention Machine 公司的 Goldfire Innovator 软件及 Ideation International 公司的 IWB 软件，另外还有 TriSolver2.1、Improver、Ideator、Eliminator 等。一些著名的公司，如 Ford、Motorola、GM、GE、HP 等都已使用计算机辅助创新软件解决工程技术问题并取得了巨大收益。计算机辅助创新软件已经成为国外企业、尖端技术领域解决技术难题、实现创新的有效工具。软件用户遍及航空航天、机械制造、汽车工业、国防军工、铁路、石油化工、水电能源、电子、土木建筑、造船、生物医学、轻工和家电等领域。

1.3.4 TRIZ 的发展方向

TRIZ 的理论研究一直没有停止，其理论方法也在不断发展，并形成了庞大的理论体系。TRIZ 目前的发展包括以下五个方面：

（1）**TRIZ 基础理论研究** 如物质-场模型的新型符号系统、多冲突问题及解决技术的进一步发展，标准工程参数的增加，冲突矩阵的改进，可用资源的挖掘及 ARIZ 算法的改进等。

（2）**TRIZ 与其他创新方法的集成研究** TRIZ 方法与其他设计理论集成，为新产品的开发和创新提供了理论指导和广泛的可能性，使技术创新过程由以往凭借经验和灵感，发展到按照技术演变规律进行。例如，TRIZ 与 QFD、SIX SIGMA 和稳健设计的集成，TRIZ 与 CPC（协同产品商务）的组合等。

（3）**TRIZ 与技术创新管理过程集成研究** 提供宏观过程模型，增加已有技术创新管理过程的微观可操作性。

（4）**开发计算机辅助创新软件** 计算机辅助创新软件是基于知识的创新工具，它以 TRIZ 方法为基础，结合现代设计方法学、计算机辅助技术等多学科领域的知识，以分析解决产品及其制造过程中遇到的冲突为出发点，从而可以从根本上解决新产品开发过程中遇到的技术难题而实现创新，并可为工程技术领域新产品、新技术的创新提供科学的理论指导，指明探索方向。将 TRIZ 方法与计算机软件技术结合可以释放出巨大的能量，不仅为产品研发创新提供实时指导，而且能在产品研发过程中不断扩充和丰富。

（5）**开发下一代 TRIZ**　美国 Ideation International 公司在经典 TRIZ 的基础上开发了 I‐TRIZ（高级 TRIZ）；Mann 等人开发了 CreaTRIZ；OTSM‐TRIZ 在不断发展；原有的经典 TRIZ 在简化，形成简约 TRIZ（Simplified TRIZ）、SIT 和 ASIT 等。

1.4　本书的结构框架

"创新驱动，方法先行"。实施创新驱动战略，促进制造业转型升级，从根本上提升企业的自主创新能力，为企业培养大量的创新工程师是一项历史性任务。

如何针对我国的具体国情，推广创新方法（TRIZ），促进各个区域创新方法工作的开展，帮助工程师学习和应用 TRIZ 理论，是每一位创新方法工作者应当思考和为之努力实践的任务。

本书是济南大学 TRIZ 研究所的部分研究成果，对 TRIZ 理论的研究与应用，进行了多年的探索和实践，具体内容包括：

1）在创新方法工作开展方面，包括如何面向区域推广创新方法、如何在高校开展创新方法、创新方法与企业技术创新过程中知识流动的关系等。

2）在 TRIZ 基础理论研究与应用方面，涉及冲突消除方法研究，技术进化理论、效应、物质-场分析、计算机辅助创新系统的开发与结合工程实际需要的应用过程研究等。

而上述两个方面对于创新方法的区域推广过程以及工程师学习创新方法的过程都有一定的借鉴作用。因此，将近年来的研究与应用成果，结合对 TRIZ 理论体系的基本概念的阐述，汇成此书，希望能对区域创新方法的开展和工程师学习创新方法提供一些参考。本书的组织结构和各章节安排如图 1-7 所示。

| 第1章 绪论 |

| 第2章 机械产品的概念设计 |

| 第3章 技术预测方法与应用 |

| 第4章 科学效应与功能原理创新 |

| 第5章 技术系统功能分析方法及应用 |

| 第6章 冲突及其解决原理 |

发明问题解决理论的研究应用

| 第7章 物质-场分析法与标准解 |

| 第8章 技术进化理论 |

| 第9章 创新思维 |

| 第10章 资源分析 |

知识流动的视角 | 第11章 创新方法与知识流动 |

推广模式的视角 | 第12章 创新方法推广模式的探讨 |

教育实践的视角 | 第13章 发明问题解决理论与机械类本科生创新能力的培养 |

| 参考文献 |

图 1-7 本书的组织结构和各章节安排

第 2 章

机械产品的概念设计

21 世纪产品竞争日益加剧，世界各国普遍重视提高产品的设计水平，以增强产品竞争力。产品设计的目的是通过产品的创新，满足市场需要，所以设计的本质是创新，重视创新设计是增加产品竞争力的根本途径。在产品概念设计阶段，由于对设计人员的约束相对较少，具有较大的自由空间，因此产品的创新方案的形成在很大程度上是由产品的概念设计阶段决定的。

2.1　产品的设计流程

随着工业生产的发展，设备和产品的功能与结构日趋复杂，产品设计在整个生命周期内占有越来越重要的位置。作为只占产品成本 5% 的设计活动往往决定 70% ~ 80% 的产品成本。

产品设计方案的创新主要在概念设计阶段完成。现在设计人员采用的产品开发模型是一个各设计阶段并行的过程模型，各阶段的关系如图 2-1 所示。

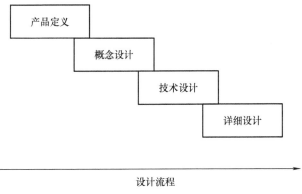

图 2-1　产品并行开发流程

Palh 和 Beitz 于 1984 年在其《Engineering Design》一书中提出概念设计这一名词，将概念设计定义为：在确定任务之后，通过抽象化，拟订功能结构，寻求适当的作用原理及其组合等，确定出基本求解途径，得出求解方案。概念设计具有以下特性：创新性、多样性和层次性。人们对概念设计的研究主要集中在功能创新、功能分析和功能结构图设计、工作原理解的搜索和确定、功能载体方案构思和决策等方面。

2.2　概念设计原理方案的确定

产品概念设计的核心是针对功能的需求从原理层面上构思实现特定功能的方案解，其中包括新功能的构思、功能分析和功能结构设计、功能的新原理创新、功能元的结构解创新、结构解组合创新等。

2.2.1　功能及其表达方式

功能用来抽象地描述机械产品输入流和输出流之间的因果关系，对具体产品来说，功能是指产品的效能、用途和作用。人们购置的是产品功能，人们使用的也是产品功能。比如，电灯的功能是将电能转化为光能；车床的功能是实现金属切削；电磁炉的功能是将电能转化为热能等。采用功能分析法做方案时，按下列步骤进行工作：①设计任务抽象化，确定总功能，抓住本质，扩展思路，寻找解决问题的多种方法；②将总功能逐步分解，最终分解至功能元，形成功能树；③寻求分功能（功能元）的解；④方案评价与决策。

从系统论的角度，把功能定义为技术系统的输入与输出的关系。对于要解决的问题，设计人员难以立即认识，犹如对待一个不透明、不知其内部结构的"黑箱"，利用对未知系统的外部观测，分析该系统与环境间的输入和输出，通过输入和输出的转换关系确定系统的功能特性，进一步寻求功能解，这种方法称为黑箱法。黑箱法要求设计者不要首先从产品结构入手，而应从系统的功能出发设计产品，这是一种设计方法的转变。黑箱法有利于抓住问题的本质，扩大思路，获得新颖、较高水平的设计方案。一般来说，技术系统的输入和输出的三种形式分别为物质、信息和能量，如图 2-2 所示。

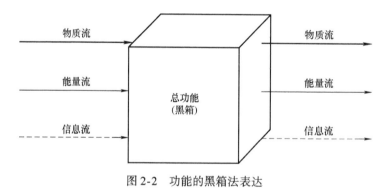

图 2-2　功能的黑箱法表达

2.2.2　功能分解过程

不同的产品，所对应的功能结构复杂程度不同。对于一个功能结构比较复杂的产品来说，在确定出总功能后，为了对其产品进行进一步的研究分析，获得更加详细、具体的内部结构，需要对总功能进行分解。

将复杂的功能结构分解为较为简单的分功能，如果分功能仍无法得到具体的解决方案，就对其分功能继续分解，直到能够得到具体的解决方案为止。对功能不断分解的过程实际就是对产品进一步深入认识的过程，通过总功能的分解，建立功能模型，以便于对产品进行设计。

2.2.3 功能元

功能元是功能求解过程中的基本单位。常用的基本功能元有：物理功能元、逻辑功能元和数学功能元。

（1）**物理功能元** 它反映系统中能量、物料、信号变化的物理基本动作，常用的有转变–复原、放大–缩小、连接–分离、传导–绝缘、存储–提取。

转变–复原功能元主要包括各种类型能量之间的转变、运动形式的转变、材料性质的转变、物态的转变、信号种类的转变等。

放大–缩小功能元是指各种能量、信号矢量（力、速度等）或物理量的放大与缩小，以及物理性质的缩放，如压敏材料电阻随外部电压的变化。

连接–分离功能元包括能量、物料、信号同质或不同质数量上的结合与分离。除物料之间的合并、分离外，流体与能量结合成压力流体（泵）的功能也属于此范围。

传导–绝缘功能元反映能量、物料、信号的位置变化。传导包括单向传导和变向传导，绝缘包括离合器、开关和阀门等。

存储–提取功能元一方面体现一定范围内保存的功能，如飞轮、弹簧、电池、电容器等；另一方面反映能量的存储，如磁带、磁鼓（反映声音信号）等。

（2）**数学功能元** 它反映数学的基本动作，如加和减、乘和除、乘方和开方、积分和微分。数学功能元主要用于机械式的加减机构和除法机构，如差动轮系、计算机、求积仪等。

（3）**逻辑功能元** 逻辑功能元包括"与""或""非"三元的逻辑动作，主要用于控制功能。

2.2.4 功能结构图

功能结构图的建立是使技术系统从抽象走向具体的重要环节之一。通过功能结构图的绘制，明确实现系统的总功能所需要的分功能、功能元及其顺序关系。

这些较简单的分功能和功能元，可以比较容易地与一定物理效应的实体结构相对应，从而可以得出所定总功能需要的实体解答方案。建立功能结构图时应注意以下要求：

1）体现功能元或分功能之间的顺序关系。这是功能结构图与功能分解图之间的区别。

2）各分功能或功能元的划分及其排列要有一定的理论依据、物理作用原理或经验支持，以确保分功能或功能元有明确的解答。

3）不能漏掉必要的分功能或功能元，要保证得到预期的结果。

4）尽可能简单明了，但要便于实体解答方案的求取。

2.2.5　形态学矩阵

确定了各功能元的解之后，通过合成确定系统原理解。

图 2-3 所示为确定系统原理解的形态学矩阵法，其给出了两个系统原理解的合成过程。通过形态学矩阵将不同功能的不同解匹配得到多个系统原理解，经评价得到选定的原理解。

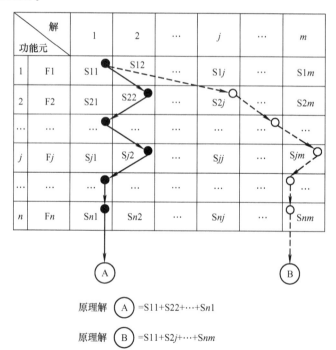

图 2-3　确定系统原理解的形态学矩阵法

2.3 应用实例

根据统计数据显示，我国的水资源总量约为 3 万亿 m^3，居于世界第六。虽然水资源总量相对充沛，但是由于我国人口基数大，所以导致我国的人均水资源占有量仅为 $2719m^3$，不足世界平均人均占有量的 1/4。我国的水资源还存在着多种问题，如时空分布不均，空间方面存在南多北少，东多西少的现象；时间方面，降水集中在 6~9 月份；随着经济的发展，水土流失，土地沙漠化、盐渍化严重，逐渐形成了越来越依赖于开采地下水的情况。

辐射井的结构主要由竖井和辐射孔组成，如图 2-4 所示。在辐射井的开挖过程中，钻机是最重要的设备。针对钻井的实际需求，展开产品的功能原理设计。

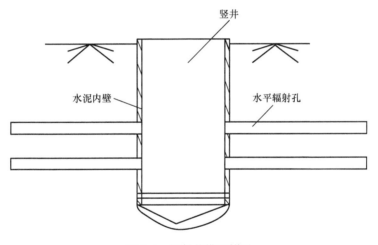

图 2-4 辐射井模型简图

2.3.1 总功能定义

功能是对技术系统或产品能完成的任务的抽象描述，是反映产品所具有的特定用途及各种特性，是系统或子系统输入、输出时，参数或状态变化的一种抽象描述。借助于功能基的思想，可以规范功能表达的方式。

结合工程需求，钻机的总功能定义为"切削岩层"。

在分析了辐射井水平钻机的总功能为"切削岩层"后，将从物质流、能量流、信息流几个方面，对钻机工作时的输入流和输出流之间存在的联系进行进一步分析。首先分析钻机工作过程中的物质流的输入与输出，由于钻机在施工时，是在辐射井内钻削地表，因此可确定输入有完整的地表；在钻进过程中为了便于排出切削下的土壤和砂石，需要用水冲击，即确定输入水；钻机钻进的过程中离不开的一个重要工具是钻头，因此钻头也是一输入流。以上输入流经过钻机的钻进施工后，所输出的量即是岩层和通过钻具的切削而产生的岩屑，之前充入的水还会输出，而通过钻头的切削，还会出现土壤，同时钻头仍然存在，即确定出了物质流的内容。

钻机在工作时需要能量的输入，目前常用的提供能量有电能、机械能、液压等。由于钻机在井下作业时条件比较恶劣，而且会有大量的水和砂石存在，考虑到施工人员的安全和钻机施工过程中性能的稳定性等因素，选择液压比较理想。在利用液压的同时，也离不开施工人员的操作，即可确定出能量的输入为人力和液压。而钻机在钻进过程中，输入的能量会发生转化，如会产生转矩带动钻头工作和转化为推力推动钻头实现进给；钻头不停地旋转产生热能，还会伴随着振动。通过该分析，即确定出了能量流的输入流与输出流。

钻机工作时的信息流就是通过开关的启动和停止来控制信号的。图 2-5 所示为钻机的总功能黑箱图。

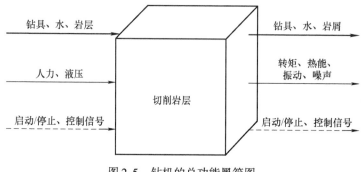

图 2-5 钻机的总功能黑箱图

2.3.2 功能分解过程

前面确定了钻机的总功能，但由于水平钻机的结构功能比较复杂，因此在总功能的基础上对水平钻机进行进一步的功能分解。

首先，进行第一层次的分解。该阶段分为三个方面：为钻机提供的能量、切削岩层和钻机的使用操作。分解完第一层次的三个方面后，只是对钻机进行了一个初步的分解，无法得到相应的设计方案。

其次，进行第二层次的分解。该阶段对第一层次的三个方面依次进行分解。在对钻机"提供能量"方面，结合黑箱图，又分解为多个不同的部分，分别为：供应人力、供应液压、形成压力和形成转矩。而在钻机的基本功能"切削岩层"方面，依靠钻机钻头的旋转切削作用，对地层坚硬的岩层进行切割，而切割下来的岩屑需要被移除到钻孔外面，否则会由于其存在，导致阻力增大，影响钻头的正常作业。通过分析，切削岩层方面又分解为分离岩层和清除岩屑两个部分，这两个部分缺少任意一者都会使钻机的工作无法正常进行。第三方面是钻机的使用操作方面，该方面看似没有前者重要，但是在水平钻机日常施工过程中，该方面设计的好坏会极大地影响到钻机的工作效率，因此该方面也是非常重要的一部分。在钻机施工时，由于作业时间长，施工人员长时间的操作会比较疲劳，为了更大程度上减轻施工人员的劳动强度，设计的结构要易于施工人员的操作，钻具需固定在钻机上进行钻进，因此结构要易于固定钻具。通过第二层次的分解，在第一层次的基础上对钻机的功能结构有了更进一步的认识，但是还无法获得具体的解决方案。

最后，进行第三层次的分解。通过第二层次的分解之后，得到了八个部分的子功能，由于无法获得详细具体的解决方案，还需要对其继续进行分解。第一部分供应人力，可以分解为输入人力功能。第二部分供应液压，可分解为输入液压。第三、四部分形成压力和形成转矩，在水平钻机作业时，由于液压缸中液压油的挤压作用，一部分液压转换为压力，推动钻机的钻头实现进给运动；还有一部分形成转矩，驱动马达带动钻头做旋转运动，来切削岩层。对形成压力部分继续进行分解，把液压缸中的液压油转换为压力，并将产生的压力传递出去，即转换液压为压力和传递压力；而形成转矩则分解为两个部分，将液压缸中的液压油转换为转矩，并将产生的转矩传递到钻具上，即转换液压为转矩和传递转矩。第五部分分离岩层已经属于支持功能，无须再进行分解，可直接进行求解。第六部分清除岩屑分为两步来实现，第一步是为了方便岩屑的清除，需要用水进行冲击，使岩屑形成泥浆；第二步是运输岩屑，通过用水不断地冲击，使岩屑从钻管内部流出。第七部分是易于施工人员的操作，只需要工作人员操作开关来调节转矩。最后一部分是钻具的固定，此部分需要施工人员将钻具固定在钻机的旋转轴上，即固定钻具。通过该层次的分解，使得水平钻机各部分的分功能都变得比较明确、具体，使得钻机每一部分的分功能都能够比较简单地获得具体的解决方案，达到功能分解的效果。钻机的功能分解树如图 2-6 所示。

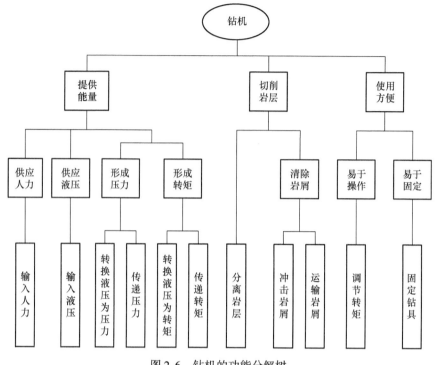

图 2-6　钻机的功能分解树

2.3.3　功能结构图

　　要想把分解的子功能联系在一起，组合成总功能，建立起产品的功能结构，必须靠一定的联系将功能元分成的能量、物质、信息三个方面联系在一起，以构成产品的功能结构关系。

　　通常有三种基本形式：串联的链式结构（各分功能依次按顺序相继作用）、并联的并列结构（各分功能并列作用）和回路的循环结构（分功能成环状循环回路，体现反馈作用），如图 2-7 所示。

　　产品功能模型的建立是整个方案设计过程中最重要的一步。将前面获得的功能元流程图解，按照存在的联系进行组合连接，获得更加具体、详细的功能模型图。通过建立功能模型图，可以直接、明确地看出产品的各个子功能之间的联系，为确定每一部分的结构提供极大的方便。

　　结合辐射井水平钻机的功能结构分解所获得的子功能，对其按照上述方法进行组合，获得水平钻机的功能元图解。按照功能模型建立的步骤，将前面建立的

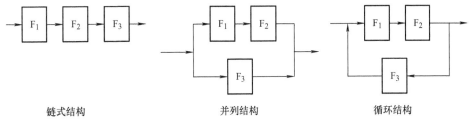

链式结构　　　　　　　　　　　并列结构　　　　　　　　　　循环结构

图 2-7　功能结构关系

每一个输入流的功能链按照一定的时间或空间顺序进行相互关系的组合，最终获得水平钻机的功能模型图，进而完成整台钻机的整体方案设计，如图 2-8 所示。

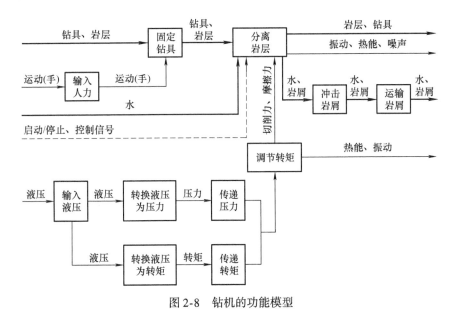

图 2-8　钻机的功能模型

2.3.4　方案求解的形态学矩阵

通过水平钻机的功能模型图的建立，可以对辐射井水平钻机的具体结构进行深入的了解。

采用功能基的表达方式得出钻机的分功能，而分功能的工作原理是得出设计方案的关键，此过程和科学效应相关，因此将利用功能基形式表达的分功能结合 IHS Goldfire 软件查询，如图 2-9 所示，得到所需的科学效应。

每个分功能对应的效应，以及结合钻机的实际情况，得出原理解，然后通过研究分析，将所有原理解形成集合，见表 2-1。

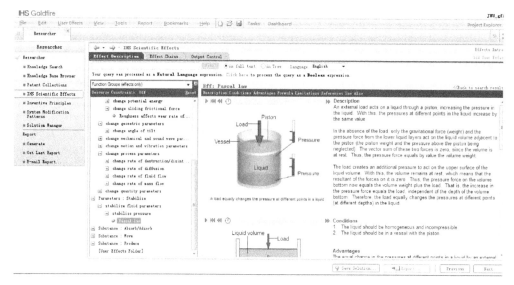

图 2-9　效应查询

表 2-1　钻机功能原理解形态学矩阵

功能	原理解					
输入人力	手	足	……			
输入液压	−F−	气 压	……			
转换液压为压力	气压	液压	爆炸	电源	电源	……
传递压力	气	液	固	……		
转换液压为转矩	液压泵	液压马达	液压缸	电磁感应	……	
传递转矩	齿轮齿条	齿轮传动	蜗轮蜗杆	螺纹连接 过盈	……	

（续）

功能	原理解								
分离岩层	直刃刀具	螺旋刃	线切割 电源	激光	超声波	盾构法	雷管	炸药	……
冲击岩屑	冲击	漏筛	气泵	气泵					……
运输岩屑	传送带	隔板链条	旋转轴	水流	溶解				……
调节转矩	齿轮	传动带	链条	声波					……
固定钻具	螺栓	卡钳	螺纹	焊接	磁场	磁铁 N S			……

2.3.5　结构方案的确定

通过对以上不同功能结构的分析研究，确定出主要分功能相关的结构方案。同时，加入主要分功能外的相关辅助结构，经过合理设计及组合，最终建立了整体水平钻机的总设计方案的三维模型，如图 2-10 所示。

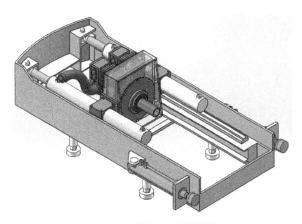

图 2-10　钻机三维模型图

2.4 小结

1）功能原理设计是产品概念设计过程中的重要内容，通常需要经过总功能定义、功能分解、功能元求解、形成功能结构等过程。

2）在功能元求解的过程中，科学效应往往起到重要作用，需要设计人员高度重视。

第3章

技术预测方法与应用

预测是在现有数据的分析与研究基础上，对事物未来某些发展趋势进行计算或评估。采用新技术、开发新产品是企业提高竞争力的重要手段。预测特定技术的未来发展方向，确定合适的研发策略，是工程技术人员经常面临的任务。为了探究事物发展所遵循的内在规律，以不同的方式预见事物未来状态，人们做了众多的尝试。技术预测研究与实践的历史，已有半个多世纪。

Delphi 法强调通过特定程序，征集专家小组的预测结论，经过数次集中专家的意见，最终结果依赖于专家的知识结构与经验。情景分析法是一种灵活且生动的预测方法，被应用于航天、电子等工业领域，其强调分析并挖掘环境、人与产品之间现有及潜在的可能交互活动，并在此基础上展开技术方案构思。其中可能存在非理性的分析过程。技术路线图作为一种预测方法，其价值更多地体现在实施的过程中，强调不同利益体的广泛参与，实现知识共享。

专利是一种重要的知识源。TRIZ 是建立在专利分析的基础上，通过数据驱动的方式总结出来的用以指导技术创新的方法体系。TRIZ 理论揭示，技术系统的专利级别、数量等信息，可用于技术预测。技术成熟度预测与技术进化潜能预测是 TRIZ 技术预测方法的重要内容。

3.1 技术成熟度预测

产品的演进方式遵循一定的规律，是一个由诞生到淘汰的过程。技术成熟度预测是一种预测技术系统演进程度的方法，其目的是推测技术系统处于生命周期的哪个阶段，以辅助确定研发策略。

3.1.1 技术系统生命周期

通过对各国、多行业专利的研究，Altshuller 发现技术系统的演进过程呈现出 S 曲线的特征。S 曲线显示，技术系统演进的第一个阶段是婴儿期，然后进入成长期，经历过成熟期后，进入衰退期，如图 3-1 所示。

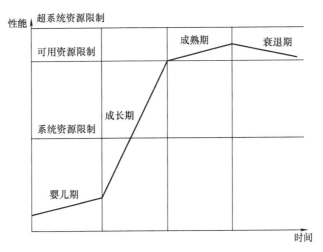

图 3-1 技术系统生命周期

3.1.2 技术系统生命周期与研发策略

技术系统（产品）处于生命周期的不同阶段，即 S 曲线的不同位置，企业所采取的研发策略是不同的。企业经常遇到的问题是，针对当前技术进一步优化，还是启用新的替代技术。该问题的解决取决于对该技术系统进行成熟度预测的结果。不同阶段的研发策略分析如下：

（1）**婴儿期**　企业应当对该技术的功能效果进行评估。若优于当前的技术，则投入资金继续开发，尽快克服现存的技术障碍，实现产品化，通过市场占有，获得技术领先优势。

（2）**成长期**　将新技术、新产品市场化，然后持续对其进行改进，以该技术为核心，不断推出性能更好的产品，努力使其主要性能参数达到最优。

（3）**成熟期**　综合利用工艺、材料等技术手段，降低产品成本。市场营销是该阶段利润的主要获取方式。同时需筹集科研资金，确定可能的潜在替代技术，判断新技术的成熟度，并采取相应的研发策略。

（4）**衰退期**　大力投入资金开发（或寻找）、选择可进一步优化产品性能的替代技术。

因此，为了制订合适的研发策略，完成技术成熟度预测是一项基础性工作。

3.1.3　专利特征曲线

Altshuller 通过专利分析，从产品获得的利润、专利的数量、专利的等级、产品性能等方面考察了各参量随着时间的演进变化趋势，形成了体现技术生命周期演进规律的专利特征曲线，如图 3-2 所示。

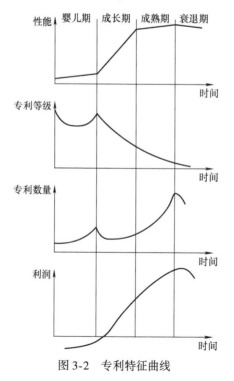

图 3-2　专利特征曲线

后来的研究者也做了相应的探索。Darrell Mann 重点研究了弥补缺陷的专利和降低成本的专利。前者是指通过引入辅助手段，包括改变结构或引入新方法，以弥补现有专利中的缺陷；后者指可以降低产品的成本，从而获得市场价格优势的专利。其特征曲线如图 3-3 所示。

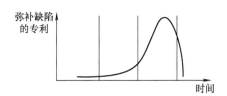

图 3-3 弥补缺陷的专利特征曲线

通常，产品的性能参数指标以及产品取得利润的数据不容易获得，在实际应用中可以选择其中的几个特征曲线进行判断。本书采用专利等级、专利数量曲线，结合弥补缺陷的专利曲线进行分析。

不同产品的专利曲线，可以基于离散的统计数据点进行拟合而获得。

3.2 技术进化潜能预测

成熟度预测可以辅助工程人员确定当前技术所处 S 曲线的位置，从而根据其演进阶段制订研发策略。但是从技术层面上，如何确定未来的技术发展方向，仍需要进一步探究。因此，技术预测不仅包含技术成熟度预测，还要针对技术系统进行具体的进化状态的分析。

3.2.1 技术进化模式

TRIZ 进化理论不仅可以预测技术的发展趋势，还可以展现结果可能实现的结构状态。技术进化模式反映的是技术系统在演进过程中所展现出的复杂进化趋势。

Altshuller、Zusman 以及 Darrell Mann 分别提出了不同的进化模式。其中，Altshuller 提出的 8 大进化定律较为典型，为本书研究过程所采用，即技术系统完备性定律、能量传递路径定律、交变动态性定律、提高理想化程度定律、子系统不均衡发展定律、向超系统进化定律、向微观层面进化定律、协调性进化定律。

3.2.2 技术进化潜能雷达图

TRIZ 理论认为，所有技术系统逐步向自身理想解的方向进化。技术系统沿不同的进化模式进化的程度会有所不同，可以用技术进化潜能雷达图进行预测，如图 3-4 所示。

在图 3-4 中，每一条射线代表一个进化模式（进化定律），通过量化评测产品沿不同进化模式进化的程度，可以得到相应的进化状态点，将不同进化状态点连接，构成的阴影部分区域，代表技术系统已经完成的演进过程，其他空白区域则是该技术系统有进化潜力的方向。

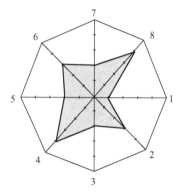

图 3-4　技术进化潜能雷达图

3.3　基于 TRIZ 的技术预测过程

基于 TRIZ 的技术预测过程（见图 3-5）主要包括技术成熟度预测与技术进化潜能预测。确定待分析的技术系统后，通过研究确定相关信息。

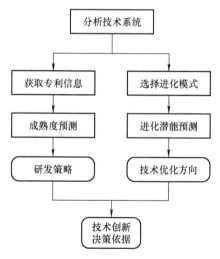

图 3-5　基于 TRIZ 的技术预测过程

获取相关技术领域的专利信息，是进行技术成熟度预测的前提。通过分析，获得该技术的专利变化曲线，如专利级别、专利数量、弥补缺陷专利的数量等。通过与标准专利曲线的特征对比，确定技术系统的成熟度，从而依据所处的生命周期阶段采取相应的研发策略。

具体的进化方向与结构方式，可通过沿不同进化模式演进的程度进行雷达图的绘制，进而确定技术系统潜在的进化方向。

获得的研发策略与技术优化方向，均是技术创新过程中的决策依据，如图 3-5 所示。

3.4　应用实例

打夯机是利用冲击作用，夯实回填土壤的一种压实机械。利用机械离心力冲击进行夯实是其重要的一种功能原理类型（如蛙式打夯机），有广泛的应用。本节综合利用已论述的理论知识，针对离心冲击打夯机进行技术预测。

技术成熟度预测有助于根据产品所处的生命周期确定相应的宏观研发策略。而进化潜能预测可以在进化方向与具体的系统结构方式等层面，确定特定的技术路线，支撑宏观研发策略的实施。

3.4.1　离心冲击打夯技术成熟度预测

通过对中国专利数据库的检索，查询了 1987—2012 年，与离心冲击打夯技术相关的专利 57 件。上述专利的申请数量与专利等级见表 3-1。

表 3-1　专利数量与等级统计

年份	1987—1989	1990—1993	1994—1998	1999—2000	2001—2005	2006—2010	2011—2012
专利数量	3	2	7	6	12	12	15
专利等级	3.3	2	2.3	1.8	1.7	1.5	1.4

将上述专利数据进一步细分，以年份为横轴绘制专利特征曲线。通过对数据点的曲线拟合，得到该技术成熟度预测曲线。在专利数量、专利等级拟合曲线与标准专利曲线对比后，可以看出离心冲击打夯技术已经度过了成长期，进入成熟前期，如图 3-6 所示。

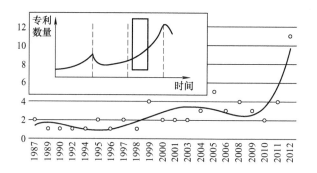

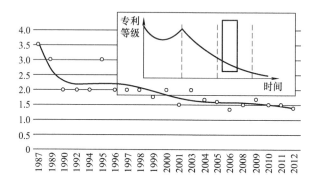

图 3-6　专利数量与专利等级拟合曲线与标准专利曲线

可以进一步根据弥补缺陷的专利数量拟合进行判断，考查结论的一致性，如图 3-7 所示，曲线特征也显示产品已经进入成熟前期。

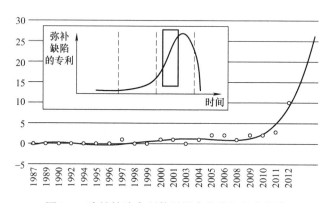

图 3-7　弥补缺陷专利数量拟合曲线与标准曲线

企业在该阶段应重视降低产品的成本，优化产品性能，同时应积极寻求可能的未来替代技术，启动新产品的研发储备工作。

3.4.2 离心冲击打夯进化潜能预测

以蛙式打夯为例的一种离心冲击打夯机结构示意图如图 3-8 所示。根据上述 8 大进化定律，分析技术系统当前的进化方式，可以得到技术进化潜能雷达图，如图 3-9 所示，用于预测产品潜在的进化结构状态。将进化程度按照从 0 ~ 5，进行量化评价，0 表示未沿某进化模式开始进化，5 为已按此模式进化到最高级别。

图 3-8 一种离心冲击打夯机结构示意图

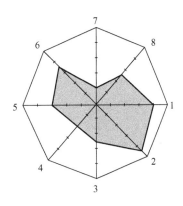

图 3-9 离心冲击打夯技术进化潜能雷达图

（1）**技术系统完备性定律** 完整的技术系统一般包括四类部件（动力装置、传动装置、执行装置、控制装置）。打夯动作由只有执行装置——简单的锤子，到多人打夯有了传动装置，再到普通打夯机增加了动力装置，进化较完备，缺少控制装置，目前在自动化控制方面还有进化潜能。

（2）**能量传递路径定律** 从能量的利用效率看，电能的利用效率高于热能、化学能。大多数离心打夯机采用电动机作为动力装置，由电能转化为机械能的转化效率较高。

（3）**交变动态性定律** 从产品的结构柔性、可移动性、可控制性来看，该技术系统沿此进化模式还有较大的进化空间。

（4）**提高理想化程度定律** 打夯机主要实现打夯功能，噪声、振动等有害作用较多，能量消耗较大，理想度有待提高。

（5）**子系统不均衡发展定律** 任何技术系统所包含的各子系统都不是同步、均衡进化的，这种不均衡的进化通常导致技术系统进化过程中出现冲突。打夯机系统的进化取决于各组成子系统之间的协调进化。目前，该技术系统内部还存在较多的技术冲突。

（6）**向超系统进化定律**　单系统→双系统→多系统是技术系统发展的一种趋势。当技术系统进化到极限状态，某子功能便会从中剥离，成为超系统的一部分。目前，已出现集碾压-夯实或破冰-刨土-夯土功能于一体的技术系统，单系统→双系统→多系统发展趋势已经呈现。

（7）**向微观层面进化定律**　从打夯机的尺寸大小演进的角度看，尺寸的微型化不明显。从功能实现的机理层面看，目前仍以宏观冲击夯实为主，尚未进入到粉末、分子或场的微观层面展开夯实机理研究与技术应用。

（8）**协调性进化定律**　从频率协调进化的角度看，打夯过程经历了连续动作、脉冲动作、周期性作用等方式，还可以向增加频率、共振等结构形式进化；从打夯工作头的几何形状上看，也经历了点、线、面的形式，复杂几何形状也是夯头几何形状进化的一种可能状态。

通过上述离心冲击打夯进化潜能预测分析，可以为确定离心冲击打夯技术的进化状态与结构方式提供依据。

3.5　小结

1）产品技术成熟度预测和进化潜能预测是技术预测的主要内容，TRIZ 理论为之提供了操作性较好的方法与工具。

2）专利数据拟合曲线与标准专利曲线之间的特征对比是一项十分关键的工作，相关内容尚需要深入研究，以提高预测过程的自动化程度与准确性。

3）开发相应的技术预测软件工具对于普及该技术预测方法有重要的支撑作用。

第 4 章

科学效应与功能原理创新

新产品开发是企业自主创新能力的重要体现。设计的本质是创新。概念设计阶段对设计活动的约束较少，是实现产品创新的重要环节。同时，由于概念设计产品信息具有模糊性、不确定性等特征，该过程的实现效率较低，相关机理有待深入研究。

概念设计的结果是产生设计方案，形成有效的原理解是概念设计阶段的重要输出形式，因此方案设计是概念设计过程中的重要内容。该过程大都与功能、行为、结构之间的映射有密切关系，是一个基于知识的推理过程。

科学效应是关于物理、化学、几何等领域的定律与法则，TRIZ将其作为解决发明问题的重要工具。研究基于科学效应的概念设计方法，开发相应的知识库系统，对于提高设计效率具有重要意义。

4.1　产品概念设计

设计理论与方法是研究产品设计本质规律、步骤与策略的学科，质量功能展开 QFD、公理设计 AD、系统化设计方法 SAPB 等均为该领域的研究成果。SAPB 是德国经典设计理论的代表，对设计过程进行了全面的分析，提出了较完整的设计方法学，对于指导产品设计具有很大的实用价值。本节的工程案例设计活动就是基于 SAPB 过程展开的。

4.1.1　方案设计与概念设计

SAPB 将设计流程分为阐明任务、方案设计、技术设计和施工设计四个阶段。Pahl 和 Beitz 对概念设计定义为："在确定任务之后，通过抽象化，拟订功能结构，寻求适当的工作原理及其组合，确定出基本求解途径，得出求解方案。"

尽管国内众多学者对概念设计的研究范畴与实现方式等问题的认识有所差异，但大都认同方案设计是概念设计的主要内容，即根据需求，通过各种方法得到相应的设计方案。因此，研究设计方案的获取方法是实现概念设计的重要内容。

4.1.2　SAPB 方案设计过程

方案设计过程一般有以下主要内容：在分析需求表的基础上，利用黑箱法抽象设计任务，确定系统的总功能；根据物质流、能量流、信息流的变化，确定各个分功能之间的逻辑关系与空间关系，形成功能结构；寻找满足分功能要求的物理效应及其几何、物料特征，形成作用原理；基于形态学矩阵，在相容性原则的基础上，形成技术方案；在设计约束条件下，评价并筛选方案。

其中，作用原理的获得是形成设计方案的基础。寻求实现分功能的作用原理，是一个设计方案逐步细化的过程。作用原理为后续的设计工作提供初步的结构特征，它与科学效应和领域经验知识的应用密切相关，如图 4-1 所示。

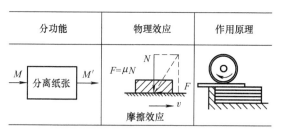

图 4-1　分功能、物理效应与作用原理

4.1.3　"功能–行为–结构"映射模型

Gero 提出的"功能（Function，F）–行为（Behavior，B）–结构（Structure，S）"映射模式也是一种原理方案求解方法，也称为 F－B－S 方法。

F－B－S 方法也是一个原理方案逐步细化的过程。首先确定设计需求所对应的功能，再由功能需求转化为行为，最后确定物理结构形态。其中，功能与行为、行为与结构之间均存在多对多的关系。

如图 4-2 所示，对于简单的产品设计，功能与结构之间的映射可以在设计人员经验的基础上直接实现。随着设计产品创新程度的增加，F－B－S 之间实现映射的难度加大，特别是对于复杂的产品创新设计过程，需要跨领域的效应知识支持，否则功能与行为之间的映射难以实现，后续设计工作无法进行。

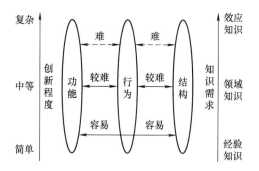

图 4-2　功能、行为、结构映射过程

4.1.4　科学效应知识

通过 SAPB 过程与 F－B－S 方法的分析可以发现，原理方案的获得是一个基于知识的推理过程。有效地利用相关知识，是提高设计效率的关键。

创新设计是人类智能的最高境界，从这一角度出发，黄克正提出的分解重构理论认为，科学发现是对客观世界认识，它扩大了人类对自然的认识能力；而创造发明则是产生物质世界不曾存在的物品，其本质是已有物品的分解与重新组合构造，也就是说，新发明是现实世界结构的重构。

可以看出，设计过程的实现是建立在知识获取基础上的。与设计相关的知识不仅包含物理、化学等领域自然界存在的法则（科学发现），也包括人类已经积累的工程成果（创造发明），两者均是支持创新设计的重要知识，见表 4-1。

表 4-1　科学效应与创造发明

科学发现	安培力、伯努利定律、电晕放电、对流、折射、霍尔效应、居里效应、毛细现象、热膨胀、一级相变等
创造发明	双曲柄机构、齿轮齿条机构、曲柄滑块机构、钢丝轴、螺纹机构、蜗轮蜗杆、凸轮机构等

领域效应（科学发现）是获得分功能作用原理的基础，它有助于功能推理的实现。创造发明具有明确的几何、物料特征，通常可以实现由功能到作用原理的直接映射。

4.2　基于科学效应的方案设计

根据 SAPB 的方案设计流程，从总功能确定到获得技术方案，一般要经历功能分解、寻求作用原理、组合作用原理的过程，如图 4-3 所示。效应知识可以辅助设计人员实现获得作用原理与组合作用原理的过程，主要包括功能元映射、流参量转换、效应链组合等模式。

4.2.1　功能元映射模式

根据需求确定总功能，是方案设计的起点。为了支持后续设计活动，总功能通常需要进一步分解为相互关联的若干分功能，直到分解到功能元的层面（其在物理域中有相应的解），形成相应的功能结构。在功能分解过程中，功能元是一个模糊概念，功能分解的终止取决于设计人员的工程经验。形成规范表达的功能元

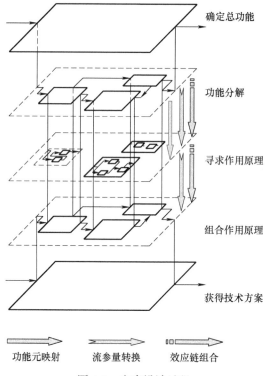

图 4-3   方案设计过程

集合有利于功能分析过程的实现。

针对上述过程，建立一种描述功能建模的通用设计语言十分重要。Altshuller 提出的支持发明创造进程的 30 个标准功能（并总结了实现标准功能的科学效应），Stone 提出的功能基的概念，均可以用于功能建模过程。

将功能定义为以动词形式描述元件的一个操作，定义了 8 个基本的类功能；将流定义为随时间变化的能量、物料、信息，利用补足物可对三种基本流进行补充说明；功能基则是由功能集与流集所组成的设计语言，其同义词与补充物可以根据行业规范进一步细化，应用较为广泛，见表 4-2 和表 4-3。

表 4-2   功能集合简表

类功能	基本功能	限制流类功能	同 义 词
分支	分离	—	切换、划分、释放、分离、隔离、断开、拆卸、减去
		去除	切除、抛光、磨削、钻孔、车削
	精炼	—	净化、应变、过滤、滤出、清除
	分布	—	发散、散布、分散、扩散、倒空、吸收、抵制、消散

（续）

类功能	基本功能	限制流类功能	同 义 词
导向	输入	—	输入、接受、允许、进入、捕获
	输出	—	释放、喷射、部署、删除
	转移	运输	提起、移动
	引导	传导	传导、输送
		—	指引、矫直、驾控
		转换	—
		转动	翻转、纺
		允许DOF	限制、解锁
连接	结合	—	紧固、装配、绑缚
	混合	—	结合、混合、添加、捆包、接合
控制	启动	—	开始、激发
	调节	—	控制、允许、预防、启用/禁用、限制、中断、阀控
	改变	—	增加、减小、放大、减少、扩大、规格化、比例变化、矫正、调节
		形成	压紧、压碎、成形、压缩、戳穿
		限定	—
转换	转换	—	变形、液化、固化、汽化、浓缩、集成、区分、处理
供应	存储	—	包含、收集、储备、捕获
	供给	—	填充、提供、补充、揭露
	提取	—	
信讯	感知	—	觉察、确认、识别、检查、定位
	预示	—	标记
	显示	—	—
	测量	—	计算
支撑	停止	—	绝缘、保护、阻止、防护、限制
	稳定	—	固定
	保护	—	绑缚、装上、锁住、锁紧、把持
	定位	—	定向、排列、位于

表 4-3 流集合简表

类 流	基 流	子 流	补 足 物
物料	人	—	手、脚、头
	气体	—	氧气、氮气、氢气
	液体	—	水、水合物、泡沫
	固体	—	松散物质、多孔物质、颗粒
信号	状态	听觉	音调、口头
		嗅觉	—
		触觉	温度、压力、粗糙程度
		味觉	—
		视觉	位置、位移
	控制	—	—
能量	人	—	力、运动
	声	—	压力、粒子速度
	生物	—	压力、容积流量
	化学	—	亲和力、反应速度
	电	—	电动力、电流
	电磁	光线	亮度、速度
		太阳能	亮度、速度
	液压	—	压力、容积流量
	磁	—	磁动力、磁通
	机械	转动	转矩、角速度
		平动	力、速度
		振动	幅值、频率
	气压	—	压力、质量流量
	辐射	—	密度、衰减率
	热	—	温度、流量

通用设计语言的出现，不仅规范了获得功能结构的功能建模过程，而且由于获得实现功能元作用原理的过程需要应用相关的设计知识，使其成为知识管理过程中的有效编码准则。

在功能分解过程中，设计人员可能会得到部分分功能的作用原理，该分功能已达到功能元层面，不需再分解。对于尚未得到作用原理的分功能，可以继续进行功能分解，将功能分解收敛于功能基层面。在工程应用经验的基础上，可以建立效应知识与功能基（功能集与流集）之间的映射关系，从而实现功能元的求解。

设集合 FU、FL、FB、GE 类别分别为功能、流、功能基与广义效应，分别有成员满足以下关系：

$$fu_i \in FU$$

$$fl_j \in FL$$

$$fb_m \in FB$$

$$ge_n \in GE$$

则 $fb_m = \Delta(fu_i, \ fl_j)$，且 ge_n 与 fb_m 之间存在映射关系，即 $ge_n \Leftrightarrow fb_m$，如图 4-4 所示。FB 与 GE 所属的成员之间的映射可能存在多对多的关系。

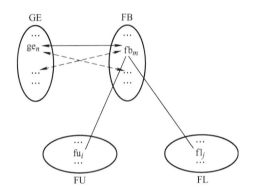

图 4-4　功能、流、功能基与广义效应集合的关系

其中，部分效应集合与功能基集合的知识映射关系见表 4-4。

表 **4-4**　部分效应集合与功能基集合的知识映射关系

类功能	基本功能	功能基（功能 + 流）	广义效应知识
分支	分离	分离固体	弧蒸发、双物质热膨胀、电解、离心力、谐波振荡、氧化等
		分离粒子	磁流体动力效应、电晕放电、吸附、层流、铁磁性等
		分离液体	液相色谱分析、离心力、气相色谱分析、共振、过滤等
		分离气体	气相色谱分析、相变等
		……	……
	提取	提取气体	声波排气、氧化等
		提取液体	反渗透、漩流效应等
		……	……
	分布	分布液体	洛伦兹力、离心力、振动等
		分布气体	蒸发
		……	……

（续）

类功能	基本功能	功能基（功能＋流）	广义效应知识
信讯	感知	检测固体	电晕放电、光吸收效应、光漫射、光反射、铁磁性等
		检测电磁（波）	X 射线、布里渊散射、光敏效应等
		……	……
	指示	标记湿度	微波辐射、电容特性等
		……	……
	显示	……	……
	测量	测量固体	铁磁性、密度特性等
		测量表面	巴克豪森效应、电子衍射、湍流效应、光反射等
		测量温度	热膨胀、双金属片、珀尔帖效应、居里效应、热敏效应等
		……	……
支撑	……	……	……

4.2.2　流参量转换模式

效应知识有多种表达方式。从系统论的角度，用输入、输出之间的变化关系进行描述是常用的一种方法。输入量、输出量可以用流的方式进行定义，如图 4-5 所示。

图 4-5　效应模型

例如，安培定律、平面凸轮机构均是广义效应的具体形式，其输入流和输出流之间的转换关系见表 4-5。

表 4-5　效应及其输入流、输出流

效 应 名 称	输 入 流	输 出 流
安培定律	磁场、电流、导线	力
平面凸轮机构	转动	平动

效应集合 GE 与功能基集合 FB 之间的映射关系建立在工程经验的基础上，如图 4-4 所示。

根据输入流与输出流的关系，广义效应模型定义如下：ge = { < input_flow > ，

$<f>$，$<$ output_flow $>$ ｝，其中 $<$ input_flow $>$，$<$ output_flow $>$ 分别为效应的输入流、输出流，$<f>$ 为输入流与输出流之间的函数关联。$<$ output_flow $>$ 中的特定参量往往与特定目标功能的实现相关，其成为构建功能元映射过程的基础。

总结工程经验是在工程实践之后的智力活动，由于设计过程与约束条件的复杂性，所以可能导致特定的分功能（功能基）求解无法通过功能元映射过程实现，需要寻求另外的求解过程。

设 x 为与目标功能有关的流集合中的成员，且 $x \in <$ input_flow $>$，则可以通过转换 $<f>$ 为 $<f'>$，重新确定输入流与输出流，即 $<$ input_flow$'>$ 与 $<$ output_flow$'>$，满足 $x \in <$ output_flow$'>$，而不改变效应的本质过程，即 ge = ｛ $<$ input_flow$'>$，$<f'>$，$<$ output_flow$'>$ ｝，其中 $<f'>$ 是实现效应 ge 与功能需求的作用方式。上述效应的应用过程称为流参量转换模式。

以安培定律为例，如图 4-6 所示，使带电流的导线处于磁场中，导线将受到力的作用，计算公式为：$N = IBl\sin\theta$，其中 I 为电流，B 为磁场强度，l 为导线的长度，θ 为磁场方向与电流方向的夹角，N 为产生的机械力作用。安培定律可描述为：Amperes_law = ｛ $<I, B, l, \theta>$，$<f>$，$<N>$ ｝。

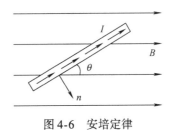

图 4-6　安培定律

根据工程经验，通常将效应知识"安培定律"与分功能（功能基）"提供力"相互关联，建立映射关系。

如果设计过程中的分功能（功能基）为"测量磁场强度"，则磁场强度 B 为与功能需求相关的流参量。通过现有的映射关系（"安培定律"与"提供力"），不能检索出"安培定律"与"测量磁场强度"的相关关系，即两者可能不存在已有的映射关系。

通过流参量转换过程，安培定律可描述为：Amperes_law = ｛ $<I, N, l, \theta>$，$<f'>$，$<B>$ ｝。其中，$<f'>$ 的作用关系为

$$B = \frac{N}{Il\sin\theta}$$

从而实现了"安培定律"效应与"测量磁场强度"目标功能之间的关联。

流参量转换过程是对功能元映射过程的补充与拓展，其丰富了功能推理的方式，有助于发现新的功能元映射关系。

4.2.3 效应链组合模式

分功能（功能基）的实现需要利用效应知识，效应的输出流通常和设计目标相关。实现过程可能仅需利用单个效应，也可能需要将多个效应通过特定的关联来实现设计目标，后者称为效应链组合模式。

曹国忠、檀润华、孙建广等人列出了串联、并联、混联和环形四种效应链应用方式。其中，串联与并联方式是最基本的效应链组合模式，如图4-7所示。

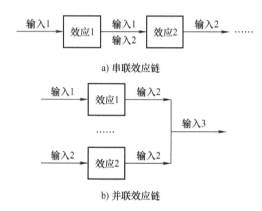

图4-7 串联与并联效应链模型

设 < design_task > 为与设计目标相关的流参量集合，效应1、效应2定义为：$ge_1 = \{ < input\_flow_1 > , < f_1 > , < output\_flow_1 > \}$，$ge_2 = \{ < input\_flow_2 > , < f_2 > , < output\_flow_2 > \}$，则效应的输入、输出之间，及其与设计目标之间要满足特定的关系。

（1）**串联效应链模型** 效应2的输入流是效应1输出流的子集，即 $< input\_flow_2 > \in < output\_flow_1 >$，且与设计目标相关的流参量集合是效应2输出流的子集，即 $< design\_task > \in < output\_flow_2 >$。

其中效应2处于效应链的末端。多个效应串联时，输入流与输出流之间的关系以此类推。

（2）**并联效应链模型** 效应1与效应2的输出流，共同满足参与链接过程，两者组成的输出流参量合集为Γ，$\Gamma = < output\_flow_1 > \cup < output\_flow_2 >$。

并联效应链的应用有两种方式：一种情况是两者的输出流参量合集满足设计目标，$< design\_task > \in \Gamma$；另一种情况是两者的并联为与效应3串联做准备，即两者的输出流参量合集可以与效应3的输入流相融，即 $< input\_flow_3 > \in \Gamma$，效应3的输出流满足设计目标，即 $< design\_task > \in < output\_flow_3 >$。多个效应并联时，以此类推。

应用效应链组合模式，应以提高技术系统理想度为目标，尽可能减少参与功能实现的效应数量，降低成本，提高可靠性。

4.2.4　基于广义科学效应的方案设计过程

如图 4-8 所示，基于广义效应的方案设计流程主要包括以下内容：在需求分析的基础上确定总功能，通过功能分解过程获得技术系统的功能结构；针对功能结构中的分功能（功能元），通过功能元映射、流参量转换、效应链组合方式进行作用原理的求解；基于形态学矩阵组合单个作用原理，形成技术方案；通过设计准则，评价技术方案；方案采纳则进入后续设计阶段，否则通过功能分析、资源分析等方法，重新分析问题，进入设计流程的上游，展开方案求解过程。

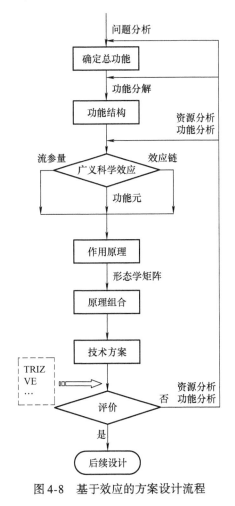

图 4-8　基于效应的方案设计流程

4.3 知识库系统开发

4.3.1 科学效应知识模型

功能元映射、流参量转换、效应链组合是由广义科学效应获得作用原理的三种基本方式。

开发相应的知识库系统，可以提高该过程的实现效率，建立广义科学效应知识模型是前提条件，模型编码信息见表4-6。

表4-6 知识模型编码信息

序 号	模型编码字段	数 据 类 型
1	序号	整数
2	名称	字符串
3	效应内容	文本
4	动画过程说明	字符串（地址）
5	输入流	数组
6	输出流	数组
7	流参量关联	字符串
8	映射功能元	数组
9	应用实例	字符串（地址）
10	……	……

4.3.2 科学效应查询系统开发

基于 Windows XP 的操作系统，采用 Visual Basic 6.0 可视化编程工具与 Access 2003 数据库，开发了广义科学效应知识库系统，可以通过功能元映射、流参量转换、效应链组合等效应知识的查询，支持方案设计过程。

系统部分功能运行软件界面如图4-9所示。

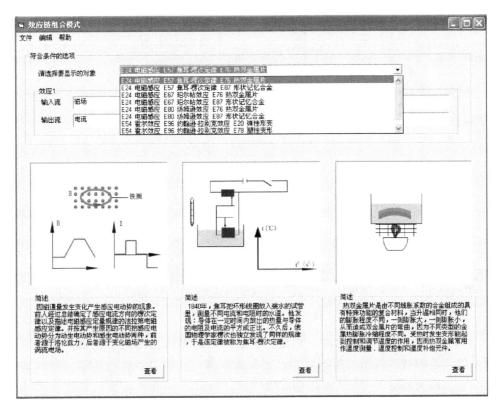

图 4-9 系统部分功能运行软件界面

4.4 应用实例

高层建筑物窗户清洁工作通常比较繁重，手工清洁过程中，外窗更难以清洗，且有潜在的危险性。设计适用性好、方便有效的玻璃清洁工具有广泛的需求。

下面以窗户清洁工具的设计为例，说明科学效应在产品概念设计过程中的应用。

1）根据需求确定出产品的总功能，用"黑箱法"确定输入流、输出流，如图 4-10 所示。

2）将产品的总功能逐步分解，以功能基建立产品的功能分解树，如图 4-11 所示。每一层分解对应用户需求，确保子功能满足全部用户需求。

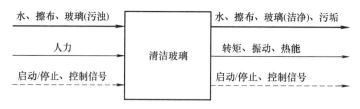

图 4-10　产品的总功能

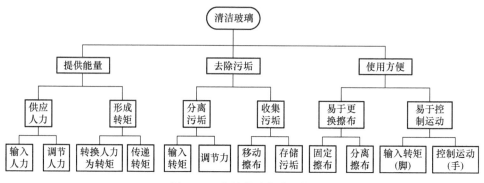

图 4-11　产品的功能分解树

3）从功能树底层对物质、能量、信息流进行追踪，建立功能链。考虑输入流、输出流的转换关系，按照时间、逻辑关系排列、调整各个功能基，合并重复部分，连接功能链，得到产品的功能结构图，如图 4-12 所示。该过程也可能还要增加新的功能。

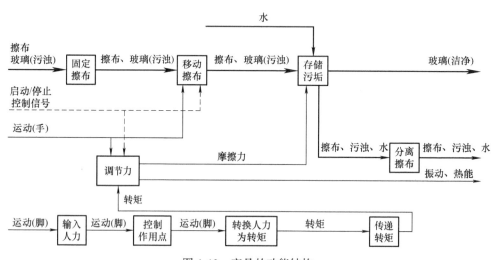

图 4-12　产品的功能结构

4）按照功能元映射模式，寻求支持各个功能元实现的效应知识，并在此基础上寻求作用原理，并构建形态学矩阵，筛选合适的组合方案。部分过程如图 4-13 所示。

功能元	名称	效应	作用原理	
固定擦布	牛顿第二定律			……
	自锁			……
	摩擦			……
……	……	……	……	

图 4-13　基于效应的功能元映射

5）基于筛选的组合方案，经过调整，产生概念设计方案，主要组件如图 4-14 所示。通过脚踏板输入动力，经钢丝轴驱动刷头，手持手柄部位，实现对窗内、窗外的清洁。

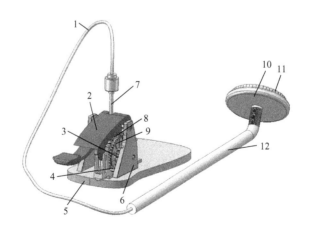

图 4-14　产品的概念设计方案

1—钢丝轴　2—脚踏板　3—齿轮　4—齿条　5—基座　6—支架
7—转轴　8、9—锥齿轮　10—刷头　11—擦布　12—手柄

6）评价概念方案。该方案可以方便清洁位置较高或外窗等不易清洁的表面，具有便捷性。同时，也存在擦布干湿不能两用，不支持水喷洒等的问题。

7）进行功能分析，并改进方案，将喷水功能引入技术系统内部，确定实现方案。现有方案中组件的主要功能关系见表4-7。

表4-7　方案中组件的主要功能关系

组　　件	作　　用	对　　象	参与的流参量
钢丝轴1	转动	刷头10	转矩、力
	结合	手柄12	位移
脚踏板2	移动	齿条4	力、运动
齿轮3	移动	锥齿轮9	转矩、力
齿条4	移动	齿轮3	转矩、力
基座5	支撑	支架6	位移
支架6	支撑	脚踏板2	位移
	支撑	齿条4	位移
	支撑	齿轮3	位移
	支撑	转轴7	位移
	支撑	锥齿轮9	位移
	支撑	锥齿轮8	位移
转轴7	移动	钢丝轴1	转矩、力
锥齿轮8	移动	转轴7	转矩、力
锥齿轮9	移动	锥齿轮8	转矩、力
刷头10	固定	擦布11	位移
擦布11	清除	污垢	压力
手柄12	支撑	刷头10	位移

喷水过程的实现需要应用特定的效应，利用超系统中的免费资源或技术系统内已有的资源，可以提高技术系统的理想度，是重点考虑的方式。

根据表4-7中各作用过程涉及的流参量类型，作为输入流或输出流，查询相关的效应知识，如图4-15所示。

引入储水容器，利用脚踏板的运动与力的作用增大容器内部的气体压强，将水喷出。调整后的功能结构如图4-16所示。图4-17所示为改进后的产品概念设计方案。

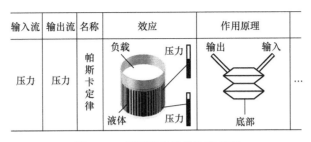

图 4-15　基于流参量的效应查询

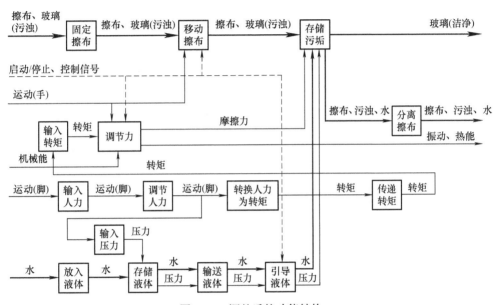

图 4-16　调整后的功能结构

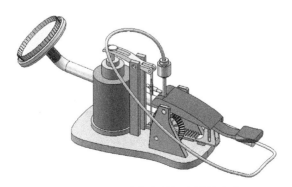

图 4-17　改进后的产品概念设计方案

4.5　小结

　　1）概念设计方案的确定与科学效应的应用密切相关。作用原理的确定通常可以通过功能元映射、流参量转换、效应链组合的方式实现。

　　2）科学效应知识包含物理、化学等领域自然界存在的法则（科学发现）与人类工程成果（创造发明），两者的知识模型均可以通过输入流、输出流的方式描述。

　　3）在效应知识中，流参量（输入、输出）之间的相容问题，是功能创新过程中的关键问题，需要深入研究。

第 5 章

技术系统功能分析方法及应用

5.1　发明问题的种类

由于外部环境变化、主体需求形式演进等原因，在不同阶段，技术系统会出现各种问题。设计方法是一种建立在知识和经验基础上的解决问题的过程，其目标是要缩小产品的初始状态与理想状态之间的差距，寻求满足用户需求的最佳方案。在寻求问题解的过程中，总需要若干步骤的迭代，如果其中至少有一个步骤是未知的，此类问题为发明问题。

冲突问题、预测问题、类比问题等都是典型的发明问题，TRIZ 为解决若干发明问题，提供了有效的方法。

伴随着功能数量的增加、复杂度提高，技术系统的理想度未必提高。技术系统的理想度可以通过功能与问题及成本之和的比值表示，即

$$理想度 = \frac{\sum 功能}{\sum 问题 + \sum 成本}$$

如果技术系统需要删减其某些组件，同时保留这些组件的有用功能，从而降低成本，提高系统理想度，我们称此类问题为技术系统的裁剪问题。裁剪问题也属于一类发明问题。针对技术系统开展功能分析，是解决裁剪问题的基础。

5.2　功能分析

功能是产品存在的本质，是实现产品创新的基础。功能分析是产品概念设计过程中的关键步骤，设计理论和方法多数都把功能分析作为设计过程模型的重要组成部分，功能分解、功能元求解、功能结构的确定等，都是功能分析的主要内容。

Gero 提出的 F - B - S 映射模型在概念设计理论研究受到较多的关注，Umeda 强调设计过程与设计软件开发应重视功能推理。但上述研究成果尚未形成成熟的商品化设计软件，目前市场上的 CAD 软件仍以几何建模为主要功能。

目前企业对创新的需求十分迫切，以 TRIZ 理论为基础，结合计算机信息处理方法的 CAI 技术受到企业的广泛关注。TechOptimizer、Pro/Innovator 都是该领域的

代表性软件工具，均包含功能分析与建模模块。

TRIZ 是面向人的设计方法学，其尚未建立支持产品开发过程的"功能-结构"映射机制，但是针对产品开发的模糊前段阶段，TRIZ 在辅助工程人员产生高质量创新设想方面作用显著。

5.2.1　功能的定义

功能是从技术实现的角度对技术系统的一种理解。产品或技术系统的总体功能称为产品的总功能，而总功能的实现依赖于技术系统组件之间的作用，这种作用是组件功能的体现。

一般我们可以将功能定义为一个物体作用于其他物体，并改变其技术参数的行为。

如图 5-1 所示，如果组件 A 对组件 B 有一个作用，并改变了组件 B 的技术参数，称组件 A 具备特定的功能。技术系统之所以需要组件 A，通常是因为其所具备的功能，而不是需求组件 A 本身的结构存在。组件 B 是作用的接受者，称为作用对象；组件 A 是作用的实施者，称为作用主体或工具。通常，某个组件在技术系统中扮演双重角色，如图 5-2 所示，活塞既是气体发出驱动作用的接受者，又是驱动连杆作用的作用主体。

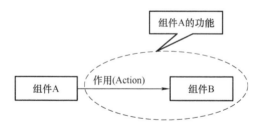

图 5-1　组件间的功能关系的图示表达

图 5-2　组件的功能角色

从句法表达的角度，功能的定义可以采用"动词 + 名词"组成的短语表示。其中，动词是实现功能的方式，词汇本身需简练、准确并有高度概括性，这是一个功能抽象化的过程，其有助于产生新的方案解。

组件之间的作用从性质上可以分为以下几种：充分的作用、不足的作用、过度的作用、有害的作用，如图 5-3 所示。其中，有害的作用需要消除，不足的作用和过度的作用可以通过进一步的调整来提高技术系统整体的理想程度。

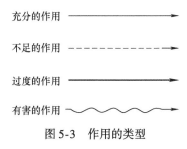

充分的作用

不足的作用

过度的作用

有害的作用

图 5-3　作用的类型

5.2.2　功能建模

　　功能分析是一个对技术系统功能建模的过程，分析的结果是采用图示方法构建系统功能模型，确定构成技术系统的组件，以及各组件的功能，即组件间的作用关系。

　　在基于功能分析的功能建模过程中，要综合考虑技术系统与超系统的关系，在选择技术系统的构成组件时，要注意问题分解的层次与细化的粒度，组件可能是一个零件，也可能是一个子系统，其取决于问题分析的层次。无论如何选取，其根本目的是便于问题分析与解决。

　　图 5-4 所示为偏心轮夹具模型，偏心轮夹具偏心夹紧的主要优点是操作便捷，动作较快，结构简单，常用于手动夹紧机构。偏心轮夹具主要由横梁、立柱、底座、偏心轮、插销组成。

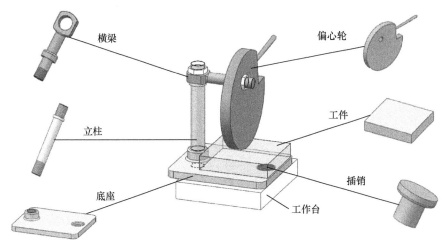

图 5-4　偏心轮夹具模型

通过分析，确定偏心轮夹具中各个组件的类别，由组件类别与功能的映射关系来确定各个组件的功能。再根据各个零部件之间的装配关系，建立该技术系统的功能模型图，如图5-5所示。

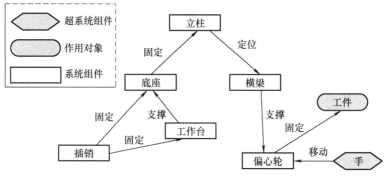

图5-5　偏心轮夹具的系统功能分析图

5.3　裁剪方法

针对技术系统实施裁剪，可以简化系统结构，提高理想度。在企业实施专利战略的过程中，裁剪方法也是进行专利规避的重要手段，有用功能得以保留和加强，降低成本，产生新的设计方案。

5.3.1　裁剪组件的选择

实施裁剪的前提是确保被裁剪的组件有用功能得到重新分配。

在选择被裁剪的组件时，一般要从价值工程的角度考虑，根据功能分析的结果，对各组件进行价值评价，通常优先考虑将价值最低的组件作为实施系统裁剪的对象。

在组件进行价值评价时，可以参考功能系数分析法、"ABC"分析法等评价技术，定量地评价每个组件的价值。

如果出现问题的环节十分清楚，或裁剪意图十分明确，也可直接确定被裁剪的组件。

5.3.2　裁剪策略

当确定裁剪对象后，能否成功地删除组件，取决于是否确保被裁剪的组件有用功能得到重新分配。

以两个组件之间的功能关系为例，通常有以下四种情况：

1）如果作用对象不存在了，那么也就不需要工具对它的作用，作用对象、工具与作用可以被裁剪。

2）如果作用对象可以自我完成工具先前施加的作用，那么工具可以被裁剪。

3）如果技术系统中已有组件可以完成工具先前施加的作用，那么工具可以被裁剪，原有的作用分配给已有组件。

4）如果技术系统的新添加组件可以完成工具先前施加的作用，那么工具可以被裁剪，原有的作用分配给新添加组件。

裁剪策略的功能图示关系见表5-1。

表 5-1　技术系统的裁剪策略

裁剪策略	组件关系图	说　明
1		若没有作用对象，也就不需要工具的作用
2		作用对象能自我完成工具所提供的作用，则工具可以被裁剪
3		如果技术系统或超系统中其他已有组件可以完成工具的功能，则工具可以被裁剪
4		技术系统的新添加组件可以完成工具的功能，则工具可以被裁剪

5.3.3　实施裁剪的步骤

实施裁剪往往可以获得新的概念设计方案，其实施过程如图5-6所示。

步骤1：选择特定的技术系统作为研究对象，构建系统的功能模型。

在构建功能模型的过程中，其中功能的定义与组件的划分层次是核心内容。

步骤2：确定有问题的组件及其作用关系。

基于功能模型，将注意力集中在有问题的组件及其功能作用关系上。

步骤3：确定裁剪对象。

依据价值工程方法，找出价值低的组件，将其作为裁剪对象，或者根据功能关系的性质，直接确定出现问题的组件作为裁剪对象。

步骤4：选择裁剪策略。

裁剪对象确定后，能否实现成功的裁剪，还要考虑有用功能的重新分配问题，具体的实施过程需根据实际的功能作用关系选择裁剪策略。

步骤5：资源分析和有用功能的重新分配。

在此步骤中可能需考虑系统中的其他组件，或引入系统中新的组件，以实现有用功能的分配，资源分析是该步骤的重要环节之一。TRIZ中包括7种潜在的资源类型：物质、能量/场、可用空间、可用时间、物体结构、系统功能和系统参数。此外，还要考虑物质流、能量流和信息流的作用关系。

步骤6：构建技术系统改进后的功能模型。

通过裁剪，构建新的功能模型。

步骤7：评价概念方案。

在功能模型的基础上，构思并评价概念方案。如果概念方案不合适，可循环上述步骤；如果概念方案可行，进入步骤8。

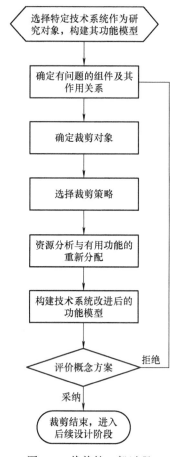

图5-6　裁剪的一般过程

步骤 8：裁剪结束。

裁剪结束，进入后续设计阶段。

5.3.4　应用案例

生活中会遇到以下情景：输液患者在治疗过程中，需要注意输液的进程，以便通过传呼器通知护士及时更换输液瓶，这个过程会影响到患者的休息。即便是有陪护人员的情况下，也需要陪护者注意观察输液进展，特别是长期输液的情况下，陪护者也会十分疲劳，影响其他陪护工作。

上述情景与其理想状态有一定差距，出现了问题。确定系统组件层次及其相互作用关系，构建其功能模型，如图 5-7 所示。

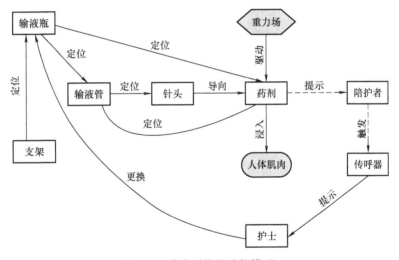

图 5-7　技术系统的功能模型

通过图 5-7 的分析可以看出，药剂在浸入过程中会对陪护者有提示作用，但是这个作用受到环境光线、时间等因素的影响，作用不够充分，从而造成陪护者的触发作用也不够充分，影响了整个系统功能实现的可靠性，其理想度需要提高。

出现问题的组件包括药剂、陪护者和传呼器。为了减轻陪护者的疲劳，方便其做更多的必要陪护工作，将陪护者从技术系统中裁剪掉是一个理想的方向，可以选择功能价值低的陪护者作为裁剪对象。

如图 5-8 所示，在药剂与陪护者之间，若陪护者作为作用对象裁剪掉，根据表 5-1 中的裁剪策略 1，其也不再需要药剂的提示作用。在陪护者与传呼器之间，陪护者被裁剪掉后，其作为工具施加的"触发"作用是有用的功能，需要重新分配给其他组件。根据表5-1中的裁剪策略4，在技术系统中引入新的组件，令其施加"触发"作用。

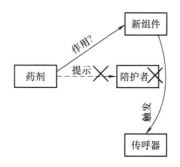

图5-8　系统组件的裁剪与功能分配过程

针对新引入的组件展开物质流、能量流、信息流作用分析，以确定其具体的形式及与其他组件的关系。新组件欲完成"触发"作用，需提供一定形式的机械能，而且"触发"作用需反映药剂的浸入进程，故药剂与新组件之间要有一定的作用，以实现信息的转换，如图5-9所示。

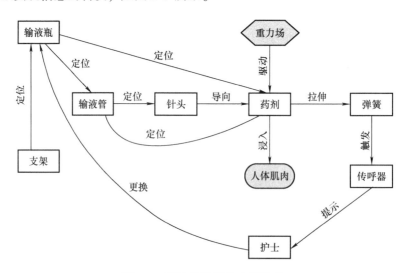

图5-9　实施裁剪后的功能模型

针对技术系统展开可用资源分析，选择可以利用的能量场形式，如重力场，将弹簧作为一种新组件，通过药剂浸入量的变化，改变弹簧的拉伸状态。

随着药剂的浸入量增加，弹簧的拉伸变形长度会缩短，在特定位置会触发传呼器的电流开关，提示护士及时更换。

根据此原理形成的概念方案示意图如图5-10所示。

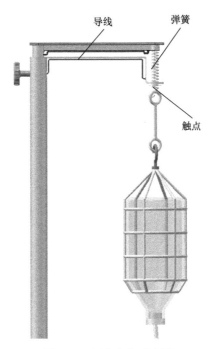

图 5-10 概念方案示意图

5.4 专利规避设计

在当前知识经济时代，企业进入市场面临的专利壁垒越来越多，其技术发展的空间越来越小。因此企业需要系统化创新方法来指导专利规避设计，在保证不侵犯现有专利权的前提下，利用现有专利技术的优势，高效、快速地开辟新技术市场。集成 TRIZ 和专利规避设计的产品创新方法，以专利侵权判定为依据，结合 TRIZ 创新设计方法，形成了专利规避创新设计流程。

5.4.1 专利侵权判定

专利侵权是指在未经专利授权下，使用他人的专利权限，并承担法律责任的行为。

专利文献中详尽地描述了专利特征以及专利权利要求，侵权的专利大多数情况下与被侵权的专利存在不同程度的相似，相同或相似的程度影响侵权判定成功与否。国内外一般使用下面的侵权判定原则进行专利侵权判定，如图 5-11 所示。

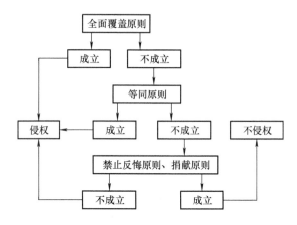

图 5-11　侵权判定原则的优先关系

1）全面覆盖原则是最先使用的判定原则，指侵权专利主权要求项的技术特征包含被侵权专利的所有权利要求的技术特征，即侵权专利技术特征多于被侵权专利的技术特征同样落入全面覆盖原则之中。

2）等同原则就是指被指控的涉及专利侵权问题的物品，就其产品或者方法，虽然在字面上看其技术特征与被保护的专利权利的技术特征并不相同，但是经过技术分析可以确定两者为等同的技术特征，这样就被认定其属于专利权所保护的范围。

3）捐献原则就是说如果专利权人在说明书或者附图中公开了专利的某个实施方案，而在专利申请的审批过程中又没有或者试图将其同样申请，则被公开的方案视为公众专利，一旦专利申请成功，此专利将不再受到专利法的保护。

4）禁止反悔原则是指在专利审批的过程中（包括审查、撤销、无效、异议、再审），专利权人是基于做了限制承诺或者部分放弃承诺才取得专利权，专利权人过后主张限制或者放弃的部分权利，法院将不予支持。

5.4.2　基于裁剪方法的专利规避设计

专利规避设计有重要的意义，是专利战略中保持专利优势的重要举措。具体体现在以下方面：

1）专利规避设计的任务不是规避知识产权，而是要求设计者采用其他的技术方案，规避他人某专利的某项专利权，如采用新的结构设计等。

2）在专利规避设计过程中，尽管设计者对发明或设计做了一定程度的变形，但是除了简单的复制存在侵权，简单的变形设计满足等同原则同样也会落入权利人专利权的保护范围。

在专利侵权的判断流程中，首先进行的是全面覆盖原则判定，当侵权的专利包含原专利的所有技术特征时，构成侵权；当侵权的专利落入等同原则范围内，说明专利中存在相同原理或结构的技术特征，这时需要对专利进行技术系统裁剪，裁剪部分技术特征，以避免落入全面覆盖原则和等同原则的范围。

首先，在分析相关现有技术后，主要是进行相关专利的检索与分析找到规避对象，发现了有潜在侵权风险的有效专利文件，找到所关注的竞争者关键技术的专利，对该目标专利文件中的权利要求书中的独立权利要求进行分解和功能分析。

其次，在建立侵权产品的功能分析之后，在此分析基础上，继续分析该专利的功能、结构以及组件和相对应的专利权利，找到侵权点和设计的创新点，对其中某些可能构成侵权的特征进行裁剪、简化、替换等，完成产品的概念设计。表5-2列举了常用的规避设计方法。

表 5-2　常用的规避设计方法

规避设计类型	规避设计方法	规避设计方法表达式	规避设计要求
简化	特征减少	$A+B+C+D \rightarrow A+B+C$	全面覆盖原则
	特征合并	$A+B+C+D \rightarrow A+B+E$	特征 $C+D \neq E$，全面覆盖原则和等同原则
替换	特征替换	$A+B+C1+D1 \rightarrow A+B+C2+D2$	特征 $C1 \neq C2$ 或 $D1 \neq D2$，全面覆盖原则和等同原则
	特征分解	$A+B+C+D1 \rightarrow A+B+C+D2+D3$	特征 $D1 \neq D2+D3$，全面覆盖原则和等同原则

再次，找出裁剪后的概念设计中的主要领域技术冲突和领域物理冲突，将它们转化为标准的冲突，通过冲突矩阵等工具找到不同的解决方案。

最后，运用专利侵权判定原则对详细的概念设计方案进行专利侵权分析，判定是否侵权。如果没有侵权，则输出详细设计方案；如果侵权，则需要继续功能裁剪。

总结上述规避设计方案，专利规避设计流程如图 5-12 所示。

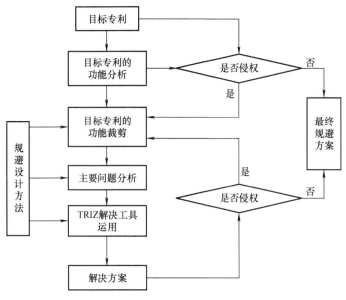

图 5-12 专利规避设计流程

5.5 小结

1）在功能分析的基础上运用裁剪方法，是提高技术系统理想度的有效途径，也是在企业实施专利战略的过程中进行专利规避的重要手段。根据具体情况，选取不同的裁剪策略，可以删除系统组件，优化技术系统的功能。

2）结合资源分析方法和功能推理技术，在设计知识库的基础上，深入研究系统组件之间的功能结构关系，是以后研究的重点，对于 CAI 软件裁剪模块功能实现的智能化与自动化有重要意义。

3）专利知识模型研究不完善，专利文献分类、筛选和专利知识获取还是以人工参与为主，这是非常耗费人力、物力的。充分利用知识挖掘等技术有助于提高其效率。

第 6 章

冲突及其解决原理

TRIZ 理论认为，产品创新的标志是解决设计中的冲突，而产生新的有竞争力的解。本章重点讲解冲突的含义及其描述方法，TRIZ 为解决冲突提供了大量的解决原理。

6.1 冲突的含义及其类别

产品设计的目的是功能的实现。当改变某些零部件的设计以提高产品的某方面性能时，可能会影响到与这些被改进的零部件相关的其他零部件，从而导致其他方面的性能受到影响。如果这些影响是负面的，则设计过程中就出现了冲突。

TRIZ 理论认为，发明问题的核心是解决冲突，未克服冲突的设计不是创新设计。产品更新换代的过程就是不断解决产品中的冲突的过程。设计人员在设计过程中不断地发现并解决冲突，促使产品向其理想解方向进化。

TRIZ 理论研究的冲突主要分为物理冲突和技术冲突。物理冲突是指为了实现某种功能，一个子系统或元件应具有一种特性，但同时又出现了与此特性相反的特性。技术冲突是指一个作用同时导致有用及有害两种结果，也可以指有用作用的引入或有害效应的消除导致一个或几个子系统或系统变坏。

TRIZ 与折中法不同，在选择冲突参数 A 与 B 时，既要使参数 A 所影响的质量提高，又要使参数 B 所影响的质量提高或无影响，即要解决冲突。两种解法的区别如图 6-1 所示。

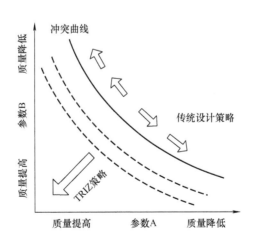

图 6-1 冲突解决方案的比较

6.2 技术冲突解决原理

为了更好地描述冲突，TRIZ 理论提出用 39 个通用工程参数，将冲突描述通用化、标准化。利用该方法把实际工程设计中的冲突转化为一般的或标准的技术冲突。为了更好地解决设计中的冲突，TRIZ 提出了 40 条发明原理。冲突解决矩阵是一个 40×40 的矩阵，其中第 1 行和第 1 列为顺序排列的标准工程参数序号。除第 1 行和第 1 列，其余 39 行和 39 列形成一矩阵，其元素为一组数字或为空，这组数字代表解决相应冲突的发明原理序号，如图 6-2 所示。

恶化的技术参数 优化的技术参数	1 运动物体的质量	2 静止物体的质量	……	10 力	……	38 自动化程度	39 生产率
…… ……							
7 运动物体的体积							
8 静止物体的体积				2, 18, 37			
…… ……							
39 生产率							

图 6-2 冲突矩阵

39 个通用工程参数见表 6-1，其含义如下：

1）运动物体的质量——在重力场中运动物体所受到的重力。如运动物体作用于其支撑或悬挂装置上的力。

2）静止物体的质量——在重力场中静止物体所受到的重力。如静止物体作用于其支撑或悬挂装置上的力。

3）运动物体的长度——运动物体的任意线性尺寸，不一定是最长的，都认为是其长度。

4）静止物体的长度——静止物体的任意线性尺寸，不一定是最长的，都认为是其长度。

表6-1　39个通用工程参数名称

序号	工程参数名称	序号	工程参数名称	序号	工程参数名称
1	运动物体的质量	14	强度	27	可靠性
2	静止物体的质量	15	运动物体作用时间	28	测试精度
3	运动物体的长度	16	静止物体作用时间	29	制造精度
4	静止物体的长度	17	温度	30	物体外部有害因素作用的敏感性
5	运动物体的面积	18	发光强度	31	物体产生的有害因素
6	静止物体的面积	19	运动物体的能量	32	可制造性
7	运动物体的体积	20	静止物体的能量	33	可操作性
8	静止物体的体积	21	功率	34	可维修性
9	速度	22	能量损失	35	适应性及多用性
10	力	23	物质损失	36	装置的复杂性
11	应力或压力	24	信息损失	37	监控与测试的困难程度
12	形状	25	时间损失	38	自动化程度
13	结构的稳定性	26	物质或事物的数量	39	生产率

5）运动物体的面积——运动物体内部或外部所具有的表面或部分表面的面积。

6）静止物体的面积——静止物体内部或外部所具有的表面或部分表面的面积。

7）运动物体的体积——运动物体所占有的空间体积。

8）静止物体的体积——静止物体所占有的空间体积。

9）速度——物体的运动速度、过程或活动与时间之比。

10）力——力是两个系统之间的相互作用。对于牛顿力学，力等于质量与加速度之积，在 TRIZ 中，力是试图改变物体状态的任何作用。

11）应力或压力——单位面积上的力。

12）形状——物体外部轮廓，或系统的外貌。

13）结构的稳定性——系统的完整性及系统组成部分之间的关系。磨损、化学分解及拆卸都降低稳定性。

14）强度——强度是指物体抵抗外力作用使之变化的能力。

15）运动物体作用时间——物体完成规定动作的时间、服务期。两次误动作之间的时间也是作用时间的一种度量。

16）静止物体作用时间——物体完成规定动作的时间、服务期。两次误动作之间的时间也是作用时间的一种度量。

17）温度——物体或系统所处的热状态，包括其他热参数，如影响温度变化速度的比热容。

18）发光强度——单位面积上的光通量，系统的光照特性，如亮度、光线质量。

19）运动物体的能量——能量是物体做功的一种度量。在经典力学中，能量等于力与距离的乘积。能量也包括电能、热能及核能等。

20）静止物体的能量——能量是物体做功的一种度量。在经典力学中，能量等于力与距离的乘积。能量也包括电能、热能及核能等。

21）功率——单位时间内所做的功，即利用能量的速度。

22）能量损失——为了减少能量损失，需用不同的技术来改善能量的利用。

23）物质损失——部分或全部、永久或临时的材料、部件或子系统等物质的损失。

24）信息损失——部分或全部、永久或临时的数据损失。

25）时间损失——时间是指一项活动所延续的时间间隔。改进时间的损失指减少一项活动所花费的时间。

26）物质或事物的数量——材料、部件及子系统等的数量，它们可以被部分或全部、临时或永久地被改变。

27）可靠性——系统在规定的方法及状态下完成规定功能的能力。

28）测试精度——系统特征的实测值与实际值之间的误差。减少误差将提高测试精度。

29）制造精度——系统或物体的实际性能与所需性能之间的误差。

30）物体外部有害因素作用的敏感性——物体对受外部或环境中的有害因素作用的敏感程度。

31）物体产生的有害因素——有害因素将降低物体或系统的效率，或完成功能的质量。这些有害因素是由物体或系统操作的一部分而产生的。

32）可制造性——物体或系统制造过程中简单、方便的程度。

33）可操作性——要完成的操作应需要较少的操作者、较少的步骤以及使用尽可能简单的工具。一个操作的产出要尽可能多。

34）可维修性——对系统可能出现的失误所进行的维修要时间短、方便和简单。

35）适应性及多用性——物体或系统响应外部变化的能力，或应用于不同条件下的能力。

36）装置的复杂性——系统中元件数目及多样性，如果用户也是系统中的元素，将增加系统的复杂性。掌握系统的难易程度是其复杂性的一种度量。

37）监控与测试的困难程度——如果一个系统复杂、成本高、需要较长的时间建造及使用，或部件与部件之间的关系复杂，都使得系统的监控与测试困难。测试精度高，增加了测试的成本也是测试困难的一种标志。

38）自动化程度——是指系统或物体在无人操作的情况下完成任务的能力。自动化程度的最低级别是完全人工操作。最高级别是机器能自动感知所需的操作、自动编程和对操作自动监控。中等级别的需要人工编程、人工观察正在进行的操作、改变正在进行的操作及重新编程。

39）生产率——是指单位时间内所完成的功能或操作数。

40 条发明原理的名称见表 6-2。

表 6-2　40 条发明原理的名称

序号	原理名称	序号	原理名称	序号	原理名称	序号	原理名称
1	分割	11	预补偿	21	紧急行动	31	多孔材料
2	分离	12	等势性	22	变有害为有益	32	改变颜色
3	局部质量	13	反向	23	反馈	33	同质性
4	不对称	14	曲面化	24	中介物	34	抛弃与修复
5	合并	15	动态化	25	自服务	35	参数变化
6	多用性	16	未达到或超过的作用	26	复制	36	状态变化
7	嵌套	17	维数变化	27	用低成本、不耐用的物体替代昂贵、耐用的物体	37	热膨胀
8	质量补偿	18	振动	28	机械系统的替代	38	加速强氧化
9	预加反作用	19	周期性的作用	29	气动和液压结构	39	惰性环境
10	预操作	20	有效作用的连续性	30	柔性壳体或薄膜	40	复合材料

运用冲突解决矩阵时，首先针对具体问题确定技术冲突，然后将该技术冲突采用标准的两个工程参数进行描述，通过标准工程参数序号在冲突矩阵中确定可采用的发明原理，最后将发明原理产生的一般解转化为具体问题的特殊解。该过程如图 6-3 所示。

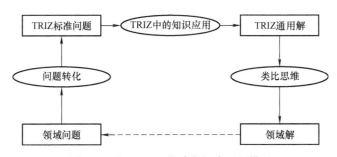

图 6-3　基于 TRIZ 的冲突解决过程模型

40 个发明原理的含义和应用如下：

（1）分割

解释：1）把一个物体分为相互独立的几个部分。

2）把物体分成比较容易装配及拆卸的部分。

3）增加物体间相互独立部分的程度。

实例：1）用多台计算机取代一台大型计算机以完成同样的功能。

2）为了便于安装与运输，交通灯的电线杆由可以折叠的部分装配而成。

3）百叶窗。

4）铲斗的铲齿分为多个，如图 6-4 所示。

（2）分离

解释：1）把物体中的"干扰"部分分离出去。

2）把物体中的关键部分分离出来。

实例：1）为避免病人接触不必要的过多 X 射线，采用特殊形状的铅屏保护不需要照射 X 射线的人体部位，如图 6-5 所示。

2）飞机候机大厅中的专用吸烟室。

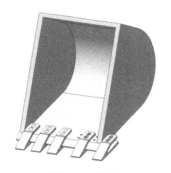

图 6-4　铲斗

铅屏

图 6-5　X 射线照射

（3）局部质量

解释：1）把物体或环境的均匀结构变成不均匀结构。

2）使物体的不同组成部分完成不同的功能。

3）使物体的每一组成部分都最大程度地发挥作用。

实例：1）增加建筑物下部的墙厚，使其承受更多的载荷。

2）午餐饭盒被放置为不同的空间，使其功能不同，放置热食、冷食等。

3）带有起钉器的锤子，如图 6-6 所示。

（4）不对称

解释：1）把物体的对称形状变为不对称形状。

2）如果一个物体已经是不对称的，那么增加其不对称的程度。

实例：1）搅拌容器中的不对称叶片。

　　　2）轮胎的一侧强度大于另一侧，以增强其抗冲击的能力。

　　　3）不对称的煤气罐，如图6-7所示。

图 6-6　有起钉器的锤子　　　　　图 6-7　不对称煤气罐

(5) 合并

解释：1）在空间上将相似的物体连接起来，使其完成并行的操作。

　　　2）在时间上合并相似或相连的操作。

实例：1）将两个电梯合并起来升降过宽的物品。

　　　2）并行设计。

　　　3）笔和橡皮擦合并成现在的铅笔，如图6-8所示。

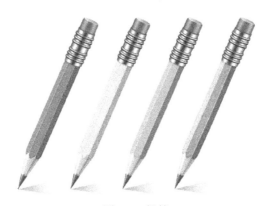

图 6-8　铅笔

(6) 多用性

解释：1）使一个物体能完成多项功能，可以减少原设计中完成这些功能多个物体的数量。

　　　2）利用标准的特性。

实例：1）装有牙膏的牙刷柄。

2）采用标准件，如螺钉、螺母等，如图 6-9 所示。

（7）嵌套

解释：1）将一个物体放在第二个物体中，将第二个物体放在第三个物体中，以此类推。

2）使一个物体穿过另一个物体的空腔。

实例：1）俄罗斯套娃。

2）收音机伸缩式天线，如图 6-10 所示。

3）汽车安全带卷收器。

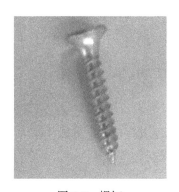

图 6-9　螺钉

图 6-10　收音机伸缩式天线

（8）质量补偿

解释：1）用另一个能产生提升力的物体补偿第一个物体的质量。

2）通过与环境相互作用，产生空气动力或流体力的方法补偿第一个物体的质量。

实例：1）用气球使电缆跨越河流，如图 6-11 所示。

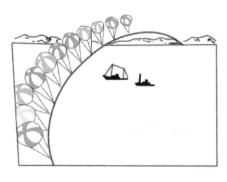

图 6-11　用气球使电缆跨河

2）在原木中注入发泡剂，使其更好地漂流。

3）为了使起重机在起吊重物后易于保持平衡，添加配重系统。

（9）预加反作用

解释：1）预先施加反作用。

　　　2）如果一个物体处于或将处于拉伸状态，预先增加压力。

实例：1）缓冲器能吸收能量、减少冲击带来的负面影响，如图 6-12 所示。

　　　2）浇注混凝土之前，预压缩钢筋。

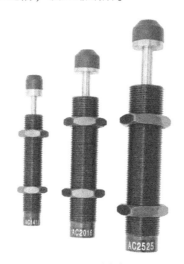

图 6-12　缓冲器

（10）预操作

解释：1）在操作之前，使物体局部或全部产生所需的变化。

　　　2）预先对物体进行特殊安排，使其在时间上有准备，或处于易操作的位置。

实例：1）预先涂上胶的创可贴，如图 6-13 所示。

　　　2）灌装生产线中使所有瓶口朝一个方向，以提高灌装效率。

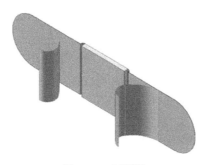

图 6-13　创可贴

(11) 预补偿

解释：采用预先准备好的应急措施补偿物体相对较低的可靠性。

实例：1）飞机上的降落伞。

2）汽车上的安全气囊，如图 6-14 所示。

3）有毒液体容器贴上特殊标志，以便容易辨识。

4）为防止偷窃，未经付款的物品在带离商店时会触发报警器。

(12) 等势性

解释：改变工作条件，使物体不需要被升高或者降低。

实例：1）集装箱不是直接吊起装上货车，而是用液压机稍微顶起推入货车内。

2）与压力机工作台高度相同的工件输送带，将冲好的零件输送到另一个工位。

3）将连通器两个出口设置成同样高度，使液面保持同一高度，如图 6-15 所示。

图 6-14 安全气囊

图 6-15 连通器

(13) 反向

解释：1）将一个问题中所规定的操作改为相反的操作。

2）使物体中的运动部分静止，静止部分运动。

3）使一个物体的位置颠倒。

实例：1）当铸造大型薄壁零件时，让装有铁液的容器静止，而让放置零件的工作台运动。

2）一个游泳训练装置，让水流动而游泳者位置不变，如图 6-16 所示。

3）切削时工件旋转，刀具固定。

4）通常做法是拆卸外部零件，而采用相反的思路，冷却内部零件可以使其尺寸缩小，便于拆卸。

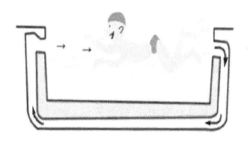

图 6-16　游泳训练装置

(14) 曲面化

解释：1) 将直线或平面部分用曲线或曲面代替。

　　　2) 采用辊、球和螺旋。

　　　3) 用旋转运动代替直线运动，采用离心力。

实例：1) 机场中的圆形跑道有无限的长度，如图 6-17 所示。

　　　2) 为了增加建筑结构的强度，采用弧或拱。

　　　3) 洗衣机采用旋转产生离心力的方法，去除湿衣服中的部分水分。

(15) 动态化

解释：1) 使一个物体或环境在操作的每一个阶段自动调整，以达到优化的性能。

　　　2) 将一个物体划分成具有相互关系的元件。

　　　3) 如果一个物体是静止的，使其变为运动的或者可改变的。

实例：1) 可调整反光镜。

　　　2) 计算机蝶式键盘。

　　　3) 检测发动机用柔性光学内孔检测仪。

　　　4) 可调整座椅，如图 6-18 所示。

图 6-17　圆形跑道

图 6-18　可调整座椅

（16）未达到或超过的作用

解释：如果完全达到所希望的效果是困难的，稍微未达到或稍微超过预期效果将大大简化问题。

实例：1）滚筒外壁可将缸筒浸泡在盛漆的容器中完成，但取出缸筒后外壁粘漆太多，通过快速旋转可以甩掉多余的漆。

2）用灰泥填墙上的小洞时，首先多填一些，之后再将多余的部分去掉。

3）倒啤酒恰好与杯口平齐是困难的，可以稍微高出杯口，如图 6-19 所示。

图 6-19　啤酒

（17）维数变化

解释：1）将一维空间中运动或静止的物体变成在二维空间中运动或静止的物体，将二维空间中的物体变成三维空间中的物体。

2）用多层排列的对象来代替单层的排列。

3）使物体倾斜或改变其方向。

4）使用给定表面的反面。

实例：1）五轴机床的刀具可被定位在任意所需的位置上。

2）能装 6 个 CD 的音响不仅增加了连续放音乐的时间，也增加了选择性。

3）自卸汽车通过倾斜车斗，实现卸料，如图 6-20 所示。

图 6-20　自卸汽车

4）叠层集成电路。

5）在树下放置反射器来提高对太阳能的利用。

（18）振动

解释：1）使物体处于振荡或振动状态。

2）如果振动存在，增加其振动频率。

3）使用共振频率。

4）使用电振动代替机械振动。

5）使超声振动与电磁场耦合。

实例：1）电动雕刻工具配置振动刀片。

2）通过振动筛选粉末。

3）利用超声共振消除胆结石或肾结石。

4）石英晶体振动驱动高精度的表。

5）在手术中采用超声波接骨法。

6）冲击钻通过冲击振动，提高钻削性能，如图 6-21 所示。

图 6-21　冲击钻

（19）周期性的作用

解释：1）使用周期性的运动或脉动来代替连续运动。

2）对周期性的运动改变其频率。

3）在两个无脉动的运动之间增加新的作用。

实例：1）使报警器的声音脉动变化，代替连续的报警声音。

2）通过调频传递信息。

3）在医用呼吸器系统中，每压迫胸部 5 次，呼吸 1 次。

4）电阻焊类型中的点焊，可以采用脉冲电流，如图 6-22 所示。

（20）有效作用的连续性

解释：1）不停地工作，使所有的部分每时每刻都满负荷地工作。

2）消除运动过程中的中间间歇。

3）用旋转运动代替往复运动。

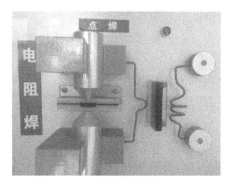

图 6-22　点焊

实例：1）当车辆停止运行时，飞轮或液压蓄能器储存能量，如图 6-23 所示。

图 6-23　飞轮

2）针式打印机的双向打印。

3）转动的实验桌。

（21）紧急行动

解释：以最快的速度完成有害的操作。

实例：1）刀具以极快的速度切削管路，可以避免切口处变形，如图 6-24 所示。

2）"要想成功，以两倍的速度失败"。

图 6-24　刀具快速切削管路

（22）变有害为有益

解释：1）利用有害的因素，特别是对环境有害的因素，获得有益的效果。

　　　2）通过与另一个有害因素结合，消除一种有害作用。

　　　3）加大一种有害因素的程度使其不再有害。

实例：1）利用余热发电。

　　　2）利用秸秆做板材原料，如图6-25所示。

图 6-25　秸秆板材

　　　3）热力发电厂排除的气体必须净化，可以通过碱性污水吸收酸性气体，从而有效抑制污染物的有害成分。

（23）反馈

解释：1）引进反馈，改进过程或行动。

　　　2）如果反馈已经被使用，改变它的大小或者灵敏度。

实例：1）加工中心自动检测装置。

　　　2）飞机接近机场时，改变自动驾驶系统的灵敏度。

　　　3）含模糊控制的温度调节装置。

　　　4）通过程序控制液晶显示屏的显示状态来反馈程序运行状态，如图6-26所示。

图 6-26　液晶显示屏

（24） 中介物

解释：1）使用中介物传递某一物体或某一中间过程。

2）将一个容易移动的物体与另一个物体暂时结合。

实例：1）机械传动中的惰轮。

2）磨粒改善水射流切削的效果。

3）钢管揻弯时，管道里面填充沙子，如图 6-27 所示。

图 6-27　钢管揻弯

（25） 自服务

解释：1）使一物体通过附加功能产生自己服务于自己的功能。

2）利用废弃的材料、能源或物质。

实例：1）挖掘机悬臂上安装一个双作用的气缸，作业时给铲斗提供空气，减少土壤和铲斗的摩擦，也可以防止卸土时土壤附着在铲斗上。

2）钢厂余热发电装置。

3）通过感应人体，自动出水的感应水龙头，如图 6-28 所示。

图 6-28　感应水龙头

（26）复制

解释：1）使用简单、便宜的复制品代替复杂的、昂贵的、易碎或者不易操作的物体。

2）用可见光复制图像代替物体本身，可以放大或缩小图像。

3）如果已使用了可见光复制，用红外线或紫外线代替。

实例：1）通过虚拟现实技术可以对未来的复杂系统进行研究。

2）通过对模型的试验来代替对真实系统的试验。

3）通过看一名教授的讲座录像代替亲自聆听他的讲座。

4）根据照片测量和计算正在运行的火车上的原木体积，如图6-29所示。

5）利用红外线成像探测热源。

（27）用低成本、不耐用的物体替代昂贵、耐用的物体。

解释：用一些低成本物体替代昂贵物体，用一些不耐用物体替代耐用物体。

实例：1）一次性纸杯，如图6-30所示。

2）一次性擦鞋纸巾。

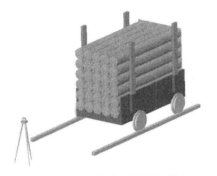

图6-29　测量火车上的原木体积

图6-30　一次性纸杯

（28）机械系统的替代

解释：1）用视觉、听觉、嗅觉系统取代机械的系统。

2）使用电场、磁场和电磁领域的相互作用完成与物体的相互作用。

3）将固定场变为移动场，将静态场变为动态场。

4）将铁磁离子用于场的作用之中。

实例：1）在天然气中混入难闻的气体替代机械或电气传感器来警告人们天然气的泄漏。

2）为了混合两种粉末，使其中一种带正电荷，另一种带负电荷。

3）利用居里点，改变铁磁物质特性。

4）用微波加热伐木。传统砍伐冻木的方法是将刀具加热后插入树中，但由于木头解冻慢，所以影响了伐木速度。建议采用机械系统的替代原理来加速伐木过程。用微波场加热切削部分，这样既解冻了木头，也降低了切口的硬度，可以很快将树木伐倒，如图6-31所示。

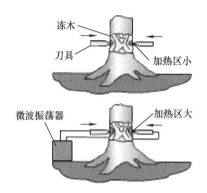

冻木

刀具

加热区小

微波振荡器

加热区大

图6-31　微波加热切削

(29) 气动和液压结构

解释：物体的固定零件可用气动或液压零部件代替。

实例：1）车辆减速时用液压系统储存能量，车辆运行时放出能量。

　　　2）可充气的床垫，如图6-32所示。

图6-32　充气床垫

(30) 柔性壳体或薄膜

解释：1）使用柔性壳体或薄膜来代替传统结构。

　　　2）使用柔性壳体或薄膜将物体与环境隔离。

实例：1）用薄膜制造的充气结构作为网球场的冬季覆盖物。

　　　2）鸡蛋专用箱，如图6-33所示。

(31) 多孔材料

解释：1）使物体多孔或通过插入、涂层等增加多孔元素。

　　　2）如果一个物体已经多孔，使用这些孔引入有用的物质或功能。

实例：1）在一个结构上钻孔，以减小质量。

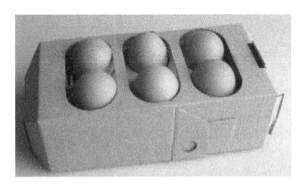

图 6-33　鸡蛋专用箱

2）充气砖。

3）泡沫材料，如图 6-34 所示。

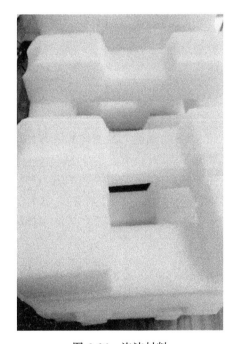

图 6-34　泡沫材料

（32）改变颜色

解释：1）更改物体或环境的颜色或其外部环境。

　　　2）改变一个物体的透明度，或改变某一过程的可视性。

　　　3）采用有颜色的添加物，使不易被观察到的物体或过程被观察到。

　　　4）如果已增加了颜色添加物，则采用发光的轨迹。

实例：1）洗相片的暗房中要采用安全的光线。

2）绷带由透明物质做成，可以从绷带外部观察伤口的变化情况。

3）为了观察透明管路内的水是处于层流还是湍流，使带颜色的某种流体从入口流入。

4）红色警示牌，如图6-35所示。

图6-35 红色警示牌

(33) 同质性

解释：采用相同或相似的物质制造与某物体相互作用的物体。

实例：1）用气态氧解冻固态氧。

2）为了防止变形，邻近的材料应有相似的线胀系数。

3）容器中装满了交织的矿石粉末和团块层。加载后，块之间的接触被振动打破，从而使矿石粉末进入矿石团块层之间，并将团块层固定在适当位置，如图6-36所示。

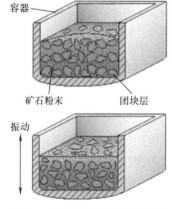

图6-36 矿石粉末进入团块层

（34）抛弃与修复

解释：1）当一个物体完成了其功能或变得无用时，抛弃或修改该物体中的一个元件。

　　　2）立即修复一个物体中所消耗的部分。

实例：1）将可降解的胶囊作为药粉的包装。

　　　2）可降解餐具。

　　　3）子弹发射后，子弹壳被抛弃。

　　　4）美工刀片，如图 6-37 所示。

图 6-37　美工刀片

（35）参数变化

解释：1）改变对象的物理状态，例如气体、液体或固体。

　　　2）改变物体的浓度或黏度。

　　　3）改变物体的柔性。

　　　4）改变温度。

　　　5）改变压力。

实例：1）氧气处于液态，便于运输，如图 6-38 所示。

图 6-38　低温液氧储罐

2）从使用角度来看，液态香皂的黏度高于固态香皂，且使用方便。

3）用三级可调减振器代替轿车中的不可调减振器。

4）如使金属的温度升高到居里点以上时，金属由铁磁体变为顺磁体。

5）采用真空吸入的方法。

（36）状态变化

解释：在物质状态变化过程中实现某种效应，如体积变化、损失或吸收热量等。

实例：1）将冷却剂冷冻凝固，放置在钻削工具内，提高冷却效果，如图6-39所示。

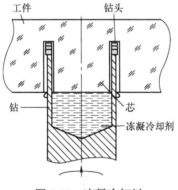

图6-39　冻凝冷却剂

2）利用吸热散热原理制成热泵。

3）采用加热装配轴与轴套。

（37）热膨胀

解释：1）使用材料的热膨胀或收缩性质。

2）使用多个不同热膨胀系数的材料。

实例：1）为了实现两个零件的过盈配合，将内部零件冷却，外部零件加热，之后装配。

2）双金属片传感器。

3）钛镍合金线圈在电流大小变化时，线性伸长有所不同，可以起到调节空隙大小的作用，如图6-40所示。

（38）加速强氧化

解释：使氧气从一个级别转变到另一个级别。

实例：1）为了获得更多的热量，焊炬里通入氧气，而不是空气，如图6-41所示。

2）氧吧。

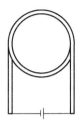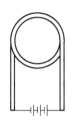

低电流：大孔径　　　大电流：小孔径

图 6-40　膨胀调节空隙大小

图 6-41　焊炬

（39）惰性环境

解释：1）用惰性环境代替通常环境。

　　　2）在某一物体里添加惰性成分。

实例：1）为了防止白炽灯失效，让其置于氩气中，如图 6-42 所示。

　　　2）用泡沫隔离氧气，起到灭火的作用。

图 6-42　白炽灯

（40）复合材料

解释：将材质单一的材料改为复合材料。

实例：1）玻璃纤维与木材相比，其在形成不同的形状时更容易控制。

2）钢筋混凝土结构，利用钢筋和混凝土力学性能的差异，组合在一起，形成复合材料，提高承载能力，如图 6-43 所示。

图 6-43　钢筋混凝土构件

6.3　物理冲突解决原理

物理冲突是指技术系统出现了截然相反的两个性质的技术需求。分离原理为物理冲突提供解决方法。通常，分离原理有以下四种形式：

（1）**空间分离**　将冲突双方在不同的空间分离，以降低解决问题的难度。当关键子系统冲突双方在某一个空间只出现一方时，空间分离是可能的。

潜水艇利用电缆拖着千米以外的声呐探测器，从而在黑暗的海洋中感知外部世界的信息。被拖的声呐探测器和产生噪声的潜水艇在空间上处于分离状态。

（2）**时间分离**　将冲突双方在不同的时间分离，以降低解决问题的难度。当关键子系统冲突双方在某一个时间只出现一方时，时间分离是可能的。

折叠自行车在行走时体积较大，在存储时因为折叠而体积较小。行走和存储发生在不同的时间段，采用了时间分离。

（3）**基于条件的分离**　将冲突双方在不同的条件下分离，以降低解决问题的难度。当关键子系统冲突双方在某一条件下只出现一方时，基于条件的分离是可能的。

应用该原理时，首先应回答以下问题：

是否冲突一方在所有条件下都要求"正向"或"负向"变化；在某些条件下，冲突的一方是否可以不按一个方向变化；如果冲突的一方可以不按一个方向变化，利用基于条件的分离原理是可能的。

如果冬季输水管路水结冰，管路将被冻裂。采用弹塑性好的材料制造的管路可解决该问题。

（4）**整体与局部的分离**　冲突双方在不同的层次分离，以降低解决问题的难度。当冲突双方在关键子系统层次只出现一方，而该方在子系统、系统和超系统层次内不出现时，整体与局部的分离是可能的。

自行车链条在微观上是刚性的，在宏观上是柔性的。

6.4　分离原理与发明原理的关系

英国巴斯大学的 Mann 通过研究提出，解决物理冲突的分离原理与解决技术冲突的发明原理之间存在关系，见表6-3。

表6-3　分离原理与发明原理的关系

分 离 原 理	发明原理序号（见表6-2）
空间分离	1、2、3、4、7、13、17、24、26、30
时间分离	9、10、11、15、16、18、19、20、21、29、34、37
基于条件的分离	1、5、6、7、8、13、14、22、23、25、27、33、35
整体与局部分离	12、28、31、32、35、36、38、39、40

6.5　冲突解决原理的应用

6.5.1　问题描述

生物医学钛合金材料表层的氧化膜对其耐蚀性和生物相容性至关重要。医用钛合金，如新型钛合金 TLM（$Ti-5Zr-3Sn-5Mo-15Nb$）植入物进入人体后，材料将会接触到多种体液、软组织和骨骼等，体液是人（动物）体内溶解了多种物质的充气水溶液。溶解的物质有：电解质（如 KCl 和 NaCl 等），在体液中离解成正离子和负离子（如 Na^+、K^+ 和 Cl^-）；也有非电解质（如葡萄糖、尿素和肌酸酐等）。在人体不同部位有不同体液（如血液、唾液、淋巴液、关节润滑液等），在体液环境下，材料的腐蚀会引起变态反应和炎症反应等负面作用。因此，目前医用钛合金在植入前都经过表层处理，生成的氧化膜（主要是 TiO_2）具有与生物分子的反应活性低、毒性低、水中溶解度低、抗炎作用明显、屏蔽金属离子溶出等优点，使得钛合金在生物医学材料中得到广泛应用。

切削加工目前仍然是机械工业应用最广泛的加工方法之一，随着汽车、航空航天、能源、模具、电子、生物材料等行业的发展，被加工材料能级的不断提高，高强和超高强度、高韧性、难切削加工等材料层出不穷，切削加工正在向高速高效、更好的表面完整性、智能、环保的方向发展。切削工艺不仅要达到好的加工精度，还要达到好的表面完整性。因此，切削加工刀具和切削工艺更要满足被加工零件抗疲劳、耐腐蚀、耐磨等服役要求，以满足加工零件长寿命、全寿命的要求，达到节能降耗的目的。切削工艺的发展趋势不仅是形成零件表面的过程，更应是保障和强化表面性能的过程。

由于切削加工过程的复杂性，实现切削加工工艺创新迫切需要有效的技术创新理论进行指导。

6.5.2　冲突分析及解决

在计算机辅助创新系统 Pro/Innovator 环境中，对医用钛合金氧化膜形成工艺创新进行了方案设计。

目前，医用钛合金氧化膜形成都是在加工成形之后，其工艺链长且工艺设备复杂、效率低、成本高。现有工艺过程的优势是氧化膜成形工艺较成熟，质量较稳定，同时，由于工艺链长且工艺设备复杂，导致生产效率较低。该问题属于典型的技术冲突类型，可用发明原理寻求解决方案。

首先，选择第 30 个工程参数（物体外部有害因素作用的敏感性）作为现有工艺技术系统的优化参数，选择第 39 个工程参数（生产率）作为现有工艺技术系统的恶化参数。通过冲突矩阵，可以确定特定的发明原理，用于解决此类冲突，如图 6-44 所示。

系统推荐"变有害为有益""参数变化""反向""中介物"等发明原理。

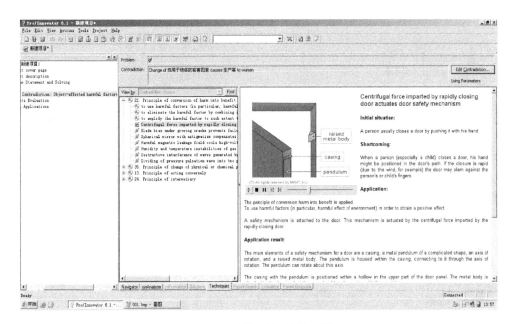

图 6-44 计算机辅助创新系统

选择"变有害为有益"发明原理用于技术冲突的解决。

目前，切削过程中产生的切削热是影响刀具寿命的主要负面因素之一。为了降低钛合金切削时的切削温度以提高刀具寿命，目前的切削加工一般都采用切削液，但切削液中的氯离子等会对人体造成伤害。

根据"变有害为有益"的问题解决方式，提出一种新的切削加工工艺方法。在医用钛合金干切削加工成形的同时，主动控制和利用切削热在零件的表面形成一层氧化膜，代替或者部分代替后续的表面氧化处理，可大大提高效率，降低成本，如图 6-45 所示。

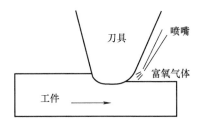

图 6-45 金属切削过程

该方案为后续的研究提供了基础。

6.6 小结

1）技术冲突和物理冲突是 TRIZ 中常见的冲突类型，发明原理、分离原理是解决该类问题的有效工具。

2）冲突是技术系统出现问题的外部表象，冲突的解决有赖于组件内部作用关系的改善，需要深入研究。

第7章

物质-场分析法与标准解

当技术系统问题的结构属性比较明显时，适合采用物质–场分析法来分析问题并解决问题。其通过建立系统内部结构化模型来正确地描述问题，用符号化语言清楚地表达技术系统的功能，正确描述系统的结构要素及其之间的作用关系。

7.1　物质–场分析法

7.1.1　符号系统

物质–场分析的基础是用图形来表示待设计系统，图 7-1 所示为 Altshuller 的功能图形，Zinovy、Terninko 等又进行了发展，下文介绍发展了的符号系统。

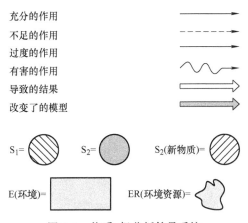

充分的作用
不足的作用
过度的作用
有害的作用
导致的结果
改变了的模型

$S_1 =$　　　$S_2 =$　　　$S_2(新物质) =$

$E(环境) =$　　　$ER(环境资源) =$

图 7-1　物质–场分析符号系统

常用字母及含义：$F_{类型}$ 为场的类型，常用类型有：Me 表示机械；Th 表示热；Ch 表示化学；E 表示电；M 表示磁；G 表示重力。U 为有用效应。H 为有害效应。

7.1.2　功能分类及其模型

按物质–场分析方法，首先建立待设计系统模型。一个系统往往包含多个功能，需要建立每个功能的模型。TRIZ 中将功能分为以下四类：

（1）**有效完整功能**　该功能的三个元件都存在，且都有效，是设计者追求的效应，如图 7-2a 所示。

（2）**不完整功能**　组成功能的三个元件中部分元件不存在，需要增加元件来实现有效完整功能，或用一个新功能代替，如图 7-2b 所示。

（3）**非有效完整功能**　功能中的三个元件都存在，但设计者所追求的效应未能完全实现。例如，产生的力不够大、温度不够高等，需要改进以达到要求，如图 7-2c 所示。

（4）**有害功能**　功能中的三个元件都存在，但产生与设计者所追求效应相冲突的效应。创新的过程要消除有害功能，如图 7-2d 所示。

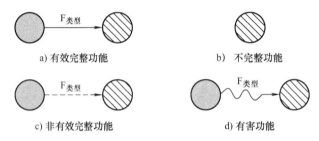

图 7-2　各种功能模型

7.2　标准解的具体内容

基于"物质–场分析法"在不同领域的分析与应用，Altshuller 总结了不同领域的解决问题的通用标准条件及标准解法，即 76 个标准解，见表 7-1。

表 7-1　76 个标准解

标准解的种类	解 的 数 量
1. 物质–场建立与破坏	13
2. 增加柔性和移动性	23
3. 向超系统和微观级跃迁	6
4. 检测与测量	17
5. 引入物质或场的标准解法	17
总计	76

7.2.1　第一类标准解——物质–场建立与破坏

为了得到期望的结果或者消除一个不期望的结果而修改一个系统。这里对系统不改变或做少量的改变。这类标准解包含完善一个不完整模型的必要解决方法（在物质-场模型中，一个不完整模型是没有 S_1、S_2 和 F，或者是 F 的作用不充分）。

1. 建立物质-场模型

（1）**完善一个不完整物质-场模型** 在建立物质-场模型时，如果发现仅有一种物质 S_1，那么就要增加第二种物质 S_2 和一种相互作用场 F，只有这样才可以使系统具备必要的功能。

【例 7-1】 用锤子（S_2）钉钉子（S_1）。作为一个完整的系统，必须有锤子、钉子和锤子作用于钉子上的机械场（F_{Me}），才能实现钉钉子的功能。

（2）**向内部复杂物质-场跃迁** 如果系统中已有的对象无法按需改变，可以在 S_1 或者 S_2 中引入一种永久的或者临时的内部添加物（S_3），帮助系统实现功能。

【例 7-2】 喷漆时，在油漆（S_2）中添加稀料（S_3）。

【例 7-3】 在人工心肺机（S_2）中血液（S_1）凝固是一个要解决的问题，通过增加肝素（S_3）来减少血液凝固。

【例 7-4】 在混凝土中添加疏松的炉渣（S_3），使其与水泥（S_1）、砂石（S_2）混合，可降低混凝土密度，如图 7-3 所示。

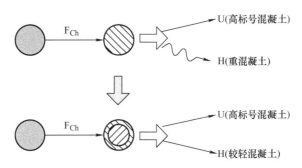

S_1=水泥，S_2=砂石，S_3=炉渣，F_{Ch}=化学混合

图 7-3　混凝土掺杂模型

（3）**向外部复杂物质-场跃迁** 在与（2）相同的情况下，也可以在 S_1 或者 S_2 的外部引入一种永久的或者临时的外部添加物（S_3）。

【例 7-5】 可以通过在滑雪橇（S_2）上涂蜡（S_3），来改善滑雪橇和雪（S_1）所组成的技术系统的功能，如图 7-4 所示。

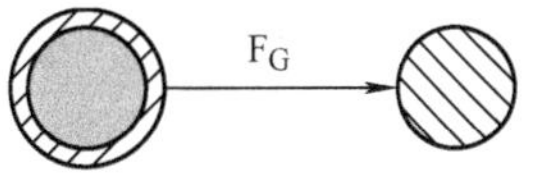

（4）**向环境物质-场跃迁** 在与（2）相同的情况下，如果不允许在物质的内部引入添加物，可以利用环境中的已有资源（ER）实现需要的变化。

S_1=雪，S_2=滑雪橇，S_3=蜡，F_G=重力

图 7-4　滑雪板模型

【**例 7-6**】 航道中的浮标（S_2）标记（S_1）摇摆得太厉害，可以利用海水（ER）作为镇重物，如图 7-5 所示。

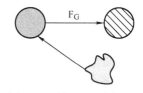

S_1=标记，S_2=浮标，ER=海水，F_G=重力

图 7-5　浮标模型

（5）**通过改变环境向物质–场跃迁**　在与（2）相同的情况下，如果不允许在物质的内部或外部引入添加物，可以通过在环境（E）中引入添加物来解决问题。

【**例 7-7**】 办公室（S_1）中的计算机设备（S_2）发热量较大，造成室温增加。可以利用办公室内的空调（E），较好地调节室温。

【**例 7-8**】 患感冒的人用嘴（S_1）代替鼻子来呼吸。因为空气从口进入肺部的路径比较短，而空气不够潮湿，除了感冒，病人的喉咙（S_2）也会变得干燥！通过加湿房间里的空气，增加水分（E）来改变环境。

（6）**向具有物质最小作用的物质–场跃迁**　有时候很难精确地达到需要的量，通过多施加需要的物质，把多余的部分去掉。

【**例 7-9**】 在注射时使流动的塑料（S_2）精确地充满一个模具（S_1）空腔是困难的，在合适的位置留一个冒口（S_3），使空腔内的空气流出，同时也使一部分塑料流出，之后再将其去掉，如图 7-6 所示。

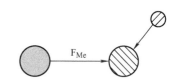

S_1=模具，S_2=塑料，S_3=冒口，F_{Me}=机械场

图 7-6　模具冒口模型

【**例 7-10**】 人们在一个方框中倒入混凝土（S_1），很难用抹子（S_2）直接做出一个很平的表面，如果把混凝土加满方框并超出一部分，那么去掉多余部分的过程中，人们就不难抹出一个比较理想的平面。

（7）**向具有施加于物质最大作用的物质–场跃迁**　如果由于各种原因不允许达到要求作用的最大化，那么让最大化的作用通过另一个物质（S_2）传递（S_1）。

【**例 7-11**】 蒸锅不能直接放到火焰上来蒸煮食物（S_1），但是可以在蒸锅（S_2）里加水（S_3），利用火焰来加热蒸锅里的水，再通过水把热量（F_{Th}）传递给食物。因为加热食物的温度不可能超过水的沸点，所以不会烧焦食物。

（8）**引入保护性物质**　系统中同时需要很强的场和弱的场，那么在给系统施以很强的场的同时，在需要较弱场作用的地方引入物质 S_3，从而起到保护作用。

【**例 7-12**】 用电焊机（S_2）焊接的过程中使用散热片（S_3）来保护受高温而可能损坏的元件（S_1）。

【**例 7-13**】 用火焰给小玻璃药瓶封口，因为火焰（S_2）的热量很高，因而会使药瓶内的药物（S_1）分解，但是，如果将药瓶中盛放药物的部分放在水（S_3）里，就可以使药的温度保持在安全的温度范围之内，免受破坏。

2. 物质–场模型的破坏，消除或抵消系统内的有害作用

（1）**通过引入外部物质消除有害关系**　当前系统中同时存在有用的、有害的作用，此时如果无法限制 S_1 和 S_2 接触，可以在 S_1 和 S_2 之间引入 S_3，从而消除有害作用。

【**例 7-14**】医生需要用手（S_2）在病人身体（S_1）上做外科手术，手有可能对病人的身体带来细菌感染，戴上一双无菌手套（S_3）就可以消除细菌带来的有害作用，如图 7-7 所示。

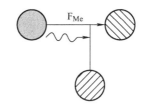

S_1=病人身体，S_2=手，S_3=无菌手套，F_{Me}=机械场

图 7-7　无菌手套模型

（2）**通过改变现有物质来消除有害关系**　同（1），但是不允许引入新的物质 S_3，此时可以改变 S_1 或 S_2 来消除有害作用，如利用空穴、真空、空气、气泡和泡沫等，或者加入一种场，这个场可以实现所需添加物质的作用。

【**例 7-15**】为了将两个工件装配在一起，将内部工件（S_2）冷却并使其收缩，之后将两个工件装配，然后在自然条件下让其膨胀。

（3）**通过消除场的有害作用消除有害关系**　如果某个场对物质 S_1 产生了有害作用，可以引入物质 S_3 来吸收有害作用。

【**例 7-16**】电子零部件（S_2）所散发出的热量（F_{Th}）将使其安装该部件的电路板（S_1）变形，在该部件下放一个散热器（S_3）吸收热量并将热量传递到空气中。

【**例 7-17**】为了消除太阳（S_2）的电磁辐射（F）对人体（S_1）的有害作用，可以在皮肤的暴露部分涂上防晒霜（S_3）。

（4）**采用场抵消有害关系**　如果系统中同时存在有用作用和有害作用，而且 S_1 和 S_2 必须直接接触，这个时候，通过引入 F_2 来抵消 F_1 的有害作用，或将有害作用转换为有用作用。

【**例 7-18**】在脚腱拉伤后必须固定起来，绷带（S_2）作用于脚（S_1）起到固定的作用（机械场 F_{Me}），如果肌肉长期不用将会萎缩，造成有害作用。为防止肌肉的萎缩，在物理治疗阶段向肌肉加入一个脉冲的电场（F_E）。

【例7-19】水泵工作时产生噪声，水是 S_1，泵是 S_2，场是机械场 F_{Me}，引入一个与所产生的噪声场相差180°的声学场（F_S）来抵消噪声。

（5）**采用场来"关闭"磁力键**　系统内某部分的磁性质可能导致有害作用，此时可以通过加热，使这一部分处于居里点以上，从而消除磁性，或者引入一种相反的磁场。

【例7-20】让带铁磁介质的研磨颗粒（S_2），在旋转磁场（F_M）的作用下打磨工件的内表面，如果是铁磁材料的工件（S_1），其本身对磁场的响应会影响加工过程。解决方案是提前将工件加热到居里点温度以上。

7.2.2　第二类标准解——增加柔性和移动性

第二类标准解的特点是通过对描述系统物质-场模型的较大改变来改善系统。

1. 转化成复杂的物质-场模型

（1）**向链式物质-场跃迁的常规形式**　将单一的物质-场模型转化为链式模型，转化的方法是引入一个 S_3，让 S_2 产生的场 F_2 作用于 S_3，同时，S_3 产生的场 F_1 作用于 S_1。

【例7-21】人们用锤子（S_2）砸石头（S_1），完成分解巨石的功能，为了增强分解的功能，可以通过在锤子和石头之间加入錾子（S_3）。锤子的机械场（F_{Me}）传递给錾子，然后錾子的机械场传递给石头，如图7-8所示。

S_1=石头，S_2=锤子，S_3=錾子，F_{Me}=机械场

图7-8　锤子-錾子-石头模型

（2）**向双物质-场跃迁**　双物质-场模型，现有系统的有用作用 F_1 不足，需要进行改进，但是又不允许引入新的元件或物质，这时，可以加入第二个场 F_2 来增强 F_1 的作用。

【例7-22】用电镀法生产铜片，在铜片表面会残留少量的电解液（S_1），用水（S_2）清洗（F_{Me1}）的时候，不能有效地除掉这些电解液。解决方案是增加一个场，在清洗的时候，加入机械振动（F_{Me2}）或在超声波清洗池中清洗铜片，如图7-9所示。

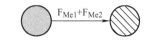

S_1=电解液，S_2=水，F_{Me1}=机械场，F_{Me2}=机械振动

图7-9　铜板清洗模型

2. 增强物质–场模型

（1）**向具有可控场的物质–场跃迁** 用更加容易控制的场，来代替原来不容易控制的场，或者叠加到不容易控制的场上，可按以下路线取代一个场，重力场→机械场→电场或者磁场→辐射场。

【例 7-23】在一些外科手术中，最好采用对组织（S_1）施加热作用（F_2）的激光手术刀（S_3）取代对组织施加机械作用（F_1）的钢刀片式手术刀（S_2）。

（2）**向带有工具分散物质–场跃迁** 提高完成工具功能的物质分散（分裂）度。

【例 7-24】设计一个支撑系统将重力（F_G）均匀地分布在不平的平面（S_1）上，而充液胶囊（S_2）可以实现这个功能。工具功能的物质分散度提高（Smicro）。

（3）**向具有毛细管多孔物质–场跃迁** 改变 S_2 成为允许气体或液体通过的多孔的或具有毛细孔的材料，具体做法是，固体物质→带一个孔的固体物质→带多个孔的固体物质（多孔物质）→毛细管多孔物质→带有限孔结构（和尺寸）的毛细管多孔物质。

【例 7-25】建议采用多孔硅（$S_{2'}$）的毛细管多孔结构代替一组针状电极（S_2），作为平面显示器（S_1）的阴极。改变 S_2 使其成为允许气体和液体通过的多孔或毛细孔的物质。

（4）**向动态化物质–场跃迁** 如果物质–场系统中具有刚性、永久和非弹性元件，那么就尝试让系统具有更好的柔韧性、适应性、动态性，来改善其效率。

【例 7-26】给风力发电站的风轮机安装铰链机构（S_3），有助于风轮机（S_1）在风（S_2）的作用下随时保持顺风方向。

【例 7-27】汽车变速器无论是标准（S_2）的，还是自动的，其速比（S_1）都是定数，液压变速系统（S_3）的速比在一定范围内连续。

（5）**采用结构化的场向物质–场跃迁** 用动态场替代静态场，以提高物质–场系统的效率。

【例 7-28】利用驻波（F_{SW}）来固定液体（S_2）中的颗粒（S_1）。

（6）**向结构物质–场跃迁** 将均匀的物质空间结构，变成不均匀的物质空间结构。

【例 7-29】从均质固体切割工具（S_2）向多层复合材料的自动化切削工具（S_3）跃迁，可增加加工零件成品（S_1）的数量和质量。

3. 频率的协调

（1）**向具有作用 $F_{f_0}^{\#}$ 匹配频率和产品固有频率的物质–场跃迁** 将场 F 的频率与物质 S_1 或者 S_2 的频率相协调。

【例7-30】 振动破碎机（S_2）的振动频率必须与被破碎材料（S_1）的固有频率（f_0）一致，如图7-10所示。

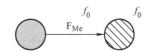

S_1=破碎材料，S_2=振动破碎机，F_{Me}=机械振动

图7-10　振动破碎机破碎材料模型

（2）**向有作用 F_1 和 F_2 匹配频率的物质-场跃迁**　让场 F_1 与场 F_2 的频率相互协调与匹配。

【例7-31】 机械振动通过产生一个与其振幅相同但是方向相反的振动来消除。

（3）**向具有合并作用物质-场跃迁**　两个独立的动作，可以让一个动作在另一个动作停止的间歇完成。

【例7-32】 当信息由两个频道 F_1 和 F_2 在同一频带内经发射器（S_2）向接收器（S_1）传输时，一个频道的传输发生在另一个频道的停顿时间。

4. 利用磁场和铁磁的材料

（1）**向原铁磁场跃迁**　在物质-场中加入铁磁物质和磁场。

【例7-33】 为了将海报（S_2）贴在表面（S_1）上，采用铁磁表面（S_3）和小磁铁（S_4）代替图钉或者透明胶带。

【例7-34】 移动磁场推动轨道车辆，如图7-11所示。

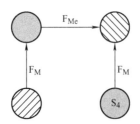

S_1=铁轨，S_2=列车，S_3=磁场发生器，S_4=磁场发生器
F_{Me}=机械场，F_M=磁场

图7-11　磁悬浮车模型

（2）**向铁磁场跃迁**　将标准解法2.（1）应用更可控的场与4.（1）应用铁磁材料结合在一起。利用铁磁材料和磁场，增加场的可控性。

【例7-35】 橡胶模具（S_2）的刚度，可以通过加入铁磁物质（S_3），即通过磁场（F_M）来进行控制，这样在产品（S_1）进行冲模时可以有效保护模具。

（3）**从低效铁磁场向基于铁磁流体铁磁场跃迁**　利用磁流体可以加强铁磁场

模型。磁流体是一种有铁磁顺位的胶质溶液，如煤油、硅脂、水等。

【例7-36】 计算机电动机的多孔旋转轴承中，用铁磁流体（S_3）替代纯润滑剂（S_2），可使其保留在轴（S_1）和轴承支架之间的缝隙中，同时还可以提供毛细力。

【例7-37】 为减小管道中的压强，在贴近管壁（S_1）处形成一层低黏度液体，降低流动液体（S_2）的能量消耗，应用磁流体（S_3），并沿管道放置磁铁。

（4）**向基于磁性多孔结构的铁磁场跃迁**　应用包含铁磁材料或铁磁液体的毛细管结构。

【例7-38】 过滤器的过滤管（S_2）中，填充铁磁颗粒（S_3），形成毛细多孔一体材料，利用磁场可以控制过滤器内部的结构，从而更好地过滤滤物（S_1）。

（5）**向在 S_1 和/或 S_2 中引入添加物的外部复杂铁磁场跃迁**　转变为复杂的铁磁场模型，如果原有的物质–场模型中，禁止用铁磁物质代替原有的某种物质，可以将铁磁物质作为某种物质的内部添加物而引入系统。

【例7-39】 为了让药物分子（S_2）到达身体需要的部位（S_1），在药物分子上附加铁磁微粒（S_3），并且在外界磁场（F_M）的作用下，引导药物分子转移到特定的位置。

（6）**向环境中铁磁场跃迁**　在标准解法（5）的基础上，如果物质内部也不允许引入铁磁添加物，可以在环境中引入，用磁场（F_M）改变环境（$S_{supe-system}$）的参数。

【例7-40】 将一个内部有磁性颗粒的橡胶垫（S_3）摆放在汽车（S_1）的上方，这个垫子可以保证在修车时，工具（S_2）能被吸附住，这样就不用人们在汽车外壳内填入防止工具滑落的铁磁物质了，如图7-12所示。

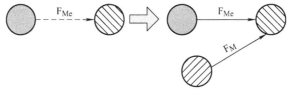

S_1=汽车，S_2=工具，S_3=内部有磁性颗粒的橡胶垫
F_{Me}=机械场，F_M=磁场

图7-12　磁性垫模型

（7）**向使用物理效应的铁磁场跃迁**　如果采用了铁磁场系统，应用物理效应可以增加其可控性。

【例7-41】 磁共振影像是利用调频振动磁场探测特定细胞核（S_1）的振动，所产生影像的颜色说明某些细胞集中的程度。如肿块的含水密度不同于正常组织，所以其颜色也不同，因此就可以探测出来。

（8）**向动态化铁磁场跃迁**　应用动态的、可变的（或者自动调节的）磁场。

【例7-42】将表面有磁性颗粒的弹性球体（S_2）放在不规则空心物体内部（S_1）来测量容器壁厚，通过放在外部的感应器来控制这个"磁性球"，使其与待测空心物体的内壁紧紧地贴合在一起，从而达到精确测量的目的。

（9）**向有结构化场的铁磁场跃迁**　利用结构化的磁场来更好地控制或移动铁磁物质颗粒。

【例7-43】为了在塑料垫子表面形成某种图案，在塑料液体内加上铁磁粒子，用结构化的磁场拖动铁磁粒子形成所需要的形状，一直到液体凝固，如图7-13所示。

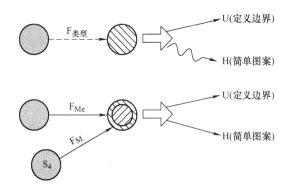

S_1=塑料，S_2=模具，S_3=磁体材料，S_4=磁体，F_{Me}=遮罩，F_M=磁力

图7-13　表面形状形成模型

（10）**向节律匹配的铁磁场跃迁**　铁磁场模型的频率协调，在宏观系统中，利用机械振动来加速铁磁颗粒的运动。在分子或者原子级别，通过改变磁场的频率，测量对磁场发生响应的电子的共振频率谱来测定物质的组成。

【例7-44】微波炉加热食品的原理为微波炉使水分子在其自然频率处振动。

（11）**向电磁场跃迁**　应用电流产生磁场，而不是应用磁性物质。

【例7-45】常规的电磁冲压中金属部件采用了强大的电磁铁（S_4），该磁铁可产生脉冲磁场（F_M），脉冲磁场在坯板（S_3）中产生涡电流，其磁场排斥使它们产生感应的脉冲磁场，排斥力足以将坯板压入冲模（S_1）。

【例7-46】通电线圈通电产生电流，从而使吸盘产生磁场来代替带有永久磁铁的吸盘，对海底的金属物品进行打捞。

（12）**向采用电流变液体的电磁场跃迁**　通过电场，可以控制流变体的黏度。

【例7-47】在动力减振器中，通过改变电场来允许或者禁止流变体溶液的流动，从而改变流变体的阻尼系数，实现动力减振器在不同环境下具有不同的减振效果。

7.2.3　第三类标准解——向超系统和微观级跃迁

第三类标准解的特点是系统传递到双系统、多系统或微观水平。

1. 转换成双系统或者多系统

（1）**将多个技术系统并入一个超系统**　系统进化方式——1a：创建双系统或者多系统。

【例7-48】在薄玻璃上钻孔是很困难的事情，因为即使很小心，也很容易把薄薄的玻璃弄碎。可以用油做临时的粘贴物质，将涂油的薄玻璃（S_2）堆砌在一起，变成一块"厚玻璃"，从而便于加工。

（2）**改变双系统或者多系统之间的连接**

【例7-49】在四轮驱动时，为了驱动四个车轮（S_2），必须将所有的车轮连接起来。如果将四个车轮机械地连接在一起，汽车在曲线行驶的时候就不能以相同的速度旋转。为了能让汽车曲线行驶时旋转速度基本一致，需要加入中间差速器，用以调整前后轮的转速差，保证前后轮的差速器具有动态的连接关系。

【例7-50】面对复杂的交通状况，应在十字路口的交通指挥等系统里，实时地输入一些当前交通流量的信息，更好地控制各种复杂的交通变化。

（3）**由相同元件向具有改变特征元件的跃迁**　系统进化方式——1b：增加系统之间的差异性。

【例7-51】铅笔盒（S_1）里的一组铅笔变为一组多色铅笔（$S_{2'}$），增加了铅笔的多样性。

（4）**由多系统向单系统的螺旋进化**　经过进化后的双系统和多系统再次简化成为单一系统。

【例7-52】新型家用的立体声系统，是由一个外壳中加入多个音频设备组成的，最后发出立体声。

【例7-53】现代高集成的数码相机，自动对焦、变焦、闪光灯、自动曝光等形成新的单一系统，而且每个功能都相对独立。

（5）**系统及其元件之间的不兼容特性分布**　系统进化方式——1c：部分或者整体表现相反的特性或功能。

【例7-54】自行车的链条（S_2）是刚性的，但是总体上是柔性的，从而驱动轮子（S_1）转动。

2. 向微观级进化

引入"聪明"物质来实现向微观级的跃迁 系统进化方式——1d：转换到微观级别。

【例7-55】为了提高切断圆木（S_1）的效率、生产率和质量，锯条（S_2）的前沿两边是锋利的并且使用磁性高密度材料制成，然后应用一个可调节的电磁场，来振动锯条。

7.2.4 第四类标准解——检测与测量

检测与测量是典型控制环节。检测的是某种状态发生或不发生。测量具有定量化及一定精度的特点。一些创新解是采用物理的、化学的、几何的效应完成自动控制，而不采用检测与测量。

检测和测量的核心是信息，在测量和检测问题中，属于被测对象的那个被测参数的"值"就是信息，这个信息就是测量或检测的目的所在，称为目标信息。

被测对象的被测参数的"值"是一种客观存在，被测对象只是该目标信息的载体。

测量和检测的目的就是以测量工具为桥梁，让被测对象所承载的这个目标信息从目标对象传递到测量者。信息是单向传递的。

目标信息在映射过程中的保真度，决定了测量精度。

检测和测量的区别：检测是二元的，也就是检查发生或者没有发生，有或者没有的问题。测量是多元的，很多时候需要得到定量和精确的结果。

1. 间接方法

（1）**采用变化问题替代检测与测量问题** 改变系统，使原来需要测量的系统，现在不再需要测量。

【例7-56】加热系统温度自动调节装置，可以采用一个双金属片来制成。

（2）**测量系统的复制品或者图像** 用对象复制品、图像或图片的操作替代针对对象的直接操作。

【例7-57】要测量金字塔（S_1）的高度（F_1），完全可以通过测量塔的阴影长度（S_{1copy}）来计算。

（3）**测量对象变化的连续检测** 应用两次间断测量代替连续测量。

【例7-58】柔韧物体的直径应该实时进行测量，从而看出它与相互作用对象之间匹配得是否完好，但是实时测量不容易进行，可以通过测量它的最大直径和最小直径，确定其变化范围来进行判断。

2. 建立新的测量系统

将一些物质或者场，加入到已有的系统中。

（1）**测量物质–场的合成**　如果非物质–场系统十分不便于检测和测量，就要通过完善基本物质–场或双物质–场结构来求解。

【例7-59】塑料制品上的小孔很难被检测到，将塑料制品内充满气体并密封，之后置于压力降低了的水（S_2）中，如果水中有气泡出现，则存在小孔，但有时会因为气泡过小看不清楚，因此通过光的折射来增强看清气泡的视野。

（2）**引入易检测添加物实现向内部复杂物质–场的跃迁**　测量引入的附加物。如引入的附加物与原系统的相互作用产生变化，可以通过测量附加物的变化，再进行转换。

【例7-60】很难通过显微镜（S_2）观察的生物样品（S_1），可以通过加入化学染色剂（S_3）来进行观察，以了解其结构。

（3）**引入到环境中的添加物可控制受测对象状态的变化**　如果不能在系统中添加任何东西，可以在外部环境中加入物质，并且测量或者检测这个物质的变化。

【例7-61】卫星相对于地球是环境中的附加物，它产生全球定位系统的连续信号（场），地球上的人使用一个 GPS 接收器，通过测量卫星的相对位置，就可确定人在地球上的绝对位置。

（4）**环境中产生的添加物可控制受控物体状态的变化**　如果系统或环境不能引入附加物，可以将环境中已有的东西进行降解或转换，变成其他的状态，然后测量或检测这种转换后的物质的变化。

【例7-62】云室可以用来研究粒子（S_1）的动态性能。在云室内，液氢保持在适当的压力和温度下，以便液氢正好位于沸点附近。当外界的高能量粒子穿过液氢时，液氢就会局部沸腾，从而形成一个由气泡组成的高能量粒子路径轨迹。此路径轨迹可以被拍照。

3. 增强测量系统

（1）**通过采用物理效应强制测量物质–场**　应用在系统中发生的已知效应，并且检测因此效应而发生的变化，从而知道系统的状态，提高检测和测量的效率。

【例7-63】为增加水汽（S_1）检测的灵敏度（F_1），利用在少量水汽前熄灭发光体发光的现象来测量。

（2）**受控物体的共振应用**　如果不能直接测量或者必须通过引入一种场来测量，可以让系统整体或部分产生共振，通过测量共振频率来解决问题。

【例7-64】使用音叉（S_2）来为钢琴调律。钢琴调律师需要调节琴弦（S_1），通过音叉与琴弦的频率发生共振（F_1）来进行调律。

（3）**附带物体共振的应用**　若不允许系统共振，可以通过与系统相连的物体或环境的自由振动，获得系统变化的信息。

【例7-65】非直接法测量物体的电容。将未知电容的物体插入到已知感应系数的电路中，然后改变电路中电压的频率，寻找产生谐振的共振频率。据此，可以计算出物体的电容。

4. 测量铁磁场

（1）**向测量原铁磁场跃迁**　增加或者利用铁磁场物质或者利用系统中的磁场，从而方便测量。

【例7-66】交通管理系统中使用交通灯进行指挥。如果还想知道车辆需要等候多久，或者想知道车辆已经排了多长，可以在路面下铺设一个环形感应线圈（S_1），从而轻易地测出上面车辆的铁磁成分，经过转换后得出测量结果。

（2）**向测量铁磁场跃迁**　在系统中增加磁性颗粒，通过检测其磁场，以实现测量。

【例7-67】通过在流体（S_1）中引入铁磁颗粒（S_3），以增加测量的准确度。

（3）**如果向测量铁磁场跃迁不可能，可建立一个复合系统，添加铁磁粒子附加物到系统中去**　如果磁性颗粒不能直接加入到系统中，可建立一个复杂的铁磁测量系统，将磁性物质添加到系统已有物质中。

【例7-68】通过在非磁性物体（S_1）表面涂敷含有磁性材料和活化剂细小颗粒的物体（S_3），以检测该物体的表面裂纹（F_1）。

（4）**通过在环境中引入铁粒子向测量铁磁场跃迁**　如果不能在系统中引入磁性物质，可以通过在环境中引入。

【例7-69】船的模型（S_1）在水（E）上移动的时候，会出现波浪。为了研究波浪的形成原因，可以将铁磁微粒（S_3）添加到水中，通过铁磁微粒在水中的分布来辅助测量。

（5）**物理科学原理的应用**　测量与磁性相关的自然现象，比如居里点、磁滞现象、超导消失、霍尔效应等。

【例7-70】磁共振影像是利用调频振动磁场探测特定细胞核的振动，所产影像的颜色（F_1）将说明某些细胞集中的程度。如肿块的含水密度不同于正常组织，所以其颜色不同，就可探测出来。

5. 测量系统的进化趋势

（1）**向双系统和多系统跃迁**　向双系统、多系统转化。如果一个测量系统不具有高的效率，应用两个或者更多的测量系统。

【例 7-71】 为了测量视力，验光师使用一系列的设备（S_2），来测量人眼（S_1）对某物体的聚焦能力。

（2）**向测量派生物跃迁**　不直接测量，而是在时间或者空间上，测量待测物体的第一级或者第二级的衍生物。

【例 7-72】 测量速度或加速度，而不是直接测量距离。

7.2.5　第五类标准解——引入物质和场的标准解法

第五类主要是简化和改善策略。

1. 引入物质

（1）**将空腔引入 S_1 或 S_2，以改进物质-场元件的相互作用**　应用"不存在的物体"替代引入新的物质，如增加空气、真空、气泡、泡沫、水泡、空穴、毛细管等；用外部添加物代替内部添加物；用少量高活性的添加物；临时引入添加剂等。

【例 7-73】 对于水下保暖衣（S_1）来说，如果仅通过增加衣服橡胶（S_2）厚度的方法来改善保暖性，整个衣服就会变得很厚重。可以在其中加入泡沫结构（S_V），既不增加衣服厚度，还可以使衣服变得轻薄。

（2）**将产品（S_0）分成相互作用的若干部分**　将物质分割为更小的组成部分。

【例 7-74】 降低气流产生噪声问题的标准解决方案是将基本气流（S_1）分成两股气流（$S_{1'}$），从不同的方向形成涡流，并相互抵消。

（3）**引入的物质使物质-场的相互作用正常并自行消除**　添加物在使用完毕之后自动消失。

【例 7-75】 用冰（S_3）把粗糙物体（S_1）表面打磨光滑。

（4）**用膨胀结构和泡沫使物质-场的相互作用正常化**　如果条件不允许加入大量的物质，则加入虚空的物质。

【例 7-76】 空难后要移走飞机（S_1），将充气结构放在机翼下面。当充气以后，就将飞机抬了起来，运输车（S_2）可以放到充气结构的下面。

2. 引入场

（1）**使用技术系统中现有的场不会使系统变得更复杂**　应用一种场，产生另一种场。

【例 7-77】电场产生磁场。

【例 7-78】采用机械场将液态氧流（S_2）中的气体（S_1）分离出，通过流体的旋转来改变物质的运动，增加分离作用。

（2）**使用环境中的场**　应用环境中存在的场。

【例 7-79】电子设备（S_2）在使用时产生大量的热。这些热（F_{Th}）可以使周围空气（S_1）流动，从而冷却电子设备自身。

（3）**使用技术系统中现有物质的备用性能作为场资源**　应用能产生场的物质。

【例 7-80】医生将放射性物质（S_3）植入到病人的肿瘤位置，来杀死癌细胞（S_1），以后再进行清除。

3. 运用自然现象

（1）**改变物质的相态**　相变 1：改变相态。

【例 7-81】为了在矿井中提供风力系统（S_1），使用液化气体（$S_{2'}$）代替压缩气体（S_2）。

（2）**两种相态相互转换**　相变 2：双相互换。

【例 7-82】在滑冰过程中，通过将刀片（S_1）下的冰（S_2）转化成水（$S_{2'}$），来减小摩擦力，然后水又结成冰。

（3）**将一种相态转换成另一种相态，并利用伴随相转移的现象**　相变 3：应用相变过程中伴随的现象。

【例 7-83】暖手器（S_1）里面，有一个盛有液体的塑料袋，袋内有一个薄金属片。在释放热量的过程中，薄金属片在液体中弯曲，可以产生一定的电信号，触发液体转变为固体（S_2）。当全部液体转变为固体后，人们将暖手器放回热源中加热，固体即可还原为液体。

（4）**转换到物质的双相态**　相变 4：转化为双相状态。

【例 7-84】在切削区域涂敷一层泡沫（S_1），刀具（S_2）能穿透泡沫持续切削加工零件（S_3）；而噪声、蒸汽等（S_4）却不能穿透这层泡沫，这可用于消除噪声。

（5）**利用系统部件（相位）之间的交互作用**　利用系统的相态交互，增强系统的效率。

【例 7-85】在液体输送管系统中，电源线路（S_1）中使用的工作介质是由这样一种化学相互反应的物质制成的：当受热时分解，导致热吸收、相对分子质量减小；冷却时再结合到原始状态。

（6）**利用可逆性物理转换**　状态的自动调节和转换。如果一个物体必须处于不同的状态，那么它应该能够自动从一种状态转化为另一种状态。

【例 7-86】变色太阳镜在阳光下颜色变深；在阴暗处又恢复透明。

（7）**出口处场的增强**　将输出场放大。

【例 7-87】测试密封物体密封性的一个方法是：将物体浸在液体中，同时保持液体上的压力小于物体中的压力，气泡会显示在密封破裂的地方。为增加测试的可见性，可将液体加热。

4. 产生物质的高级和低级方法

（1）**通过降解更高一级结构的物质来获取所需的物质**　通过降解来获取物质颗粒（离子、原子、分子等）。

【例 7-88】如果系统需要氢（S_4），但系统本身又不允许引入氢，可以向系统引入水（S_3），再将水电解成氢和氧。

（2）**通过合并较低等级结构的物质来获得所需要的物质**　通过组合，获得物质粒子。

【例 7-89】树木（S_1）吸收水分（S_2）、二氧化碳（S_3），并且运用太阳光进行光合作用而获得营养物质（S_4），得以生长壮大。

（3）**介于（1）和（2）两个解法之间**　如果一个高级结构的物质需要降解，但是又不能降解，就应用次高级结构的物质。另外，如果需要低级结构的物质组合起来，就可以直接应用较高级结构的物质。

【例 7-90】如需要传导电流，可先将物质（S_1）变成导电的离子（S_3）和电子（S_4）。离子和电子脱离电场之后，还可以重新结合在一起。

7.3　标准解法应用步骤

76 个标准解最有代表性的应用是在建立了物质–场模型，并确定了所有约束条件后，将其作为 TRIZ 中 ARIZ 算法的一个步骤。特别是当技术系统的冲突处于非显性状态时，建立物质–场模型是很好的问题分析方法。

第一类到第四类标准解常常使系统更加复杂，这是由于这些解都需要引入新的物质或场。第五类标准解是简化系统的方法，使系统更理想化。当从解决性能问题的第一类到第三类标准解或解决测量与检测问题的第四类标准解决定了一个解之后，第五类标准解可用来简化这个解。图 7-14 所示为 76 个标准解的应用流程。

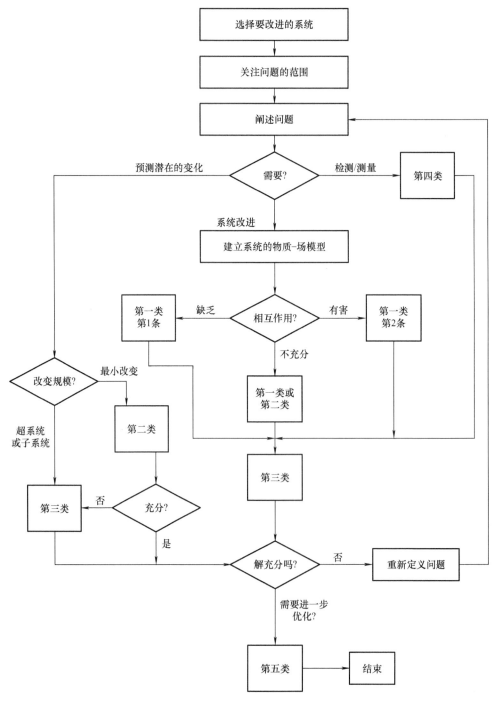

图 7-14   76 个标准解的应用流程

7.4 应用实例

7.4.1 问题描述

辐射井水平钻机的主要功能就是在竖井内部钻掘辐射井的辐射孔,而这一钻进功能的实现,在原有的钻机中完全是靠花键轴的旋转钻进的。通过查阅大量相关资料了解到,原有的水平钻机主要由液压马达、大齿轮、花键轴、齿轮箱、推进液压缸、机架等结构组成,以上所述结构在钻机钻进时主要实现两种运动。

第一种是旋转运动,该运动主要是由齿轮箱上部安装的两个相同型号的液压马达在液压力的作用下,带动齿轮箱中的大齿轮旋转,而大齿轮带动花键轴做旋转运动,最终旋转轴通过连接在上面的钻杆、钻头将旋转运动传递到地层,以实现钻削地层的功能。

第二种是进给运动,在花键轴旋转钻削地层的同时,需要进给运动的配合,才能不间断地实现钻进功能,这一运动是靠安装在齿轮箱下部的两个大行程液压缸实现的,液压缸在液压力的作用下,推动齿轮箱实现进给运动。钻机是通过以上两种运动的配合,实现钻进功能的。

其相关钻进功能结构示意图如图 7-15 所示。

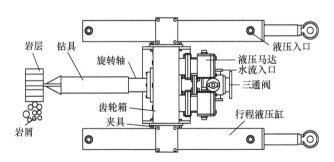

图 7-15 钻进功能结构示意图

由于辐射井施工地点不同,钻机所钻削地层的结构也不同。当钻削的地层中含有砂石等不易钻削的物质时,仅靠钻机的旋转是不能满足钻进需求的,砂石不能刚好破碎,同时严重影响钻机效率。

7.4.2 功能分析

系统的主要功能是液压驱动液压马达带动钻具切削岩层，同时辅助功能为水流冲击、运输岩屑，但是钻具在切削岩层时的作用不够充分，即当遇到硬度较大的砂石岩层时，切削效率明显下降，此功能即是不充分功能。

根据图 7-15 的系统组成及其功能实现过程分析，完成技术系统的功能分析，如图 7-16 所示。

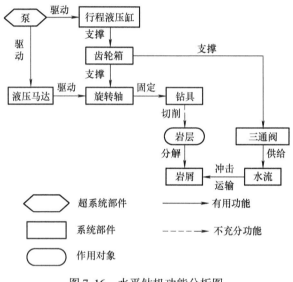

图 7-16　水平钻机功能分析图

7.4.3 物质-场分析与标准解应用

通过水平钻机的功能分析，钻具和岩层之间存在"不足"的作用关系，该部分是解决问题的入手点。

根据"物质-场"分析方法的三元件分析模型，利用符号系统表示该系统的功能模型，如图 7-17 所示，S_1 表示岩层，S_2 表示钻具，F_{Me} 表示机械场。

图 7-17　切削岩层功能模型

在 TRIZ 理论中提供的"物质-场"分析方法的76 个标准解中选择适合该问题的标准解。由于该问题中 S_2 对 S_1 的作用为不充分功能，可应用第二类标准解中的第 1 条"转化成复杂的物质-场模型"来解决此问题。结合钻机的实际设计过程，钻具固定在旋转轴上，和旋转轴合为一体，在液压马达的驱动下切削岩层。虽然能够进行切削，但是功能不够充分，可以考虑在旋转切削的基础上增加其他的物质–场来增强其功能，因此第二类标准解中的"向链式物质–场跃迁的常规形式"可用，如图 7-18 所示。

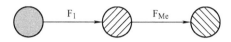

S_1—岩层　S_2—钻具　S_3—新引入的物质　F_{Me}—机械场　F_1—新引入的场

图 7-18　第二类标准解"向链式物质–场跃迁的常规形式"方案模型

采用标准解中提供的解决方案，结合 Invention Tool 软件，查询出该方案的解决方法，如图 7-19 所示，借鉴查询到的应用实例，引入新的物质–场，以增强其功能。新的改进方案是在原有的旋转运动基础上增加冲击运动，首先将旋转轴结构改为相对大齿轮能独立运动的花键轴结构，引入的新物质 S_3 是撞击花键轴做冲击运动的活塞件，而新引入的场 F_1 是活塞件作用于花键轴上的机械场。在原有的单一旋转运动的基础上，增加了新的冲击运动，该运动基本原理是在花键轴的后侧新加的缸体结构中，安装活塞，活塞在液压力的作用下做冲击运动，不断快速撞击前面的旋转轴，使得花键轴在做旋转运动的同时还做冲击运动，两种运动协调作用传递到地层，能够更好地实现钻削功能。冲击的原理和冲击破碎锤相似，当

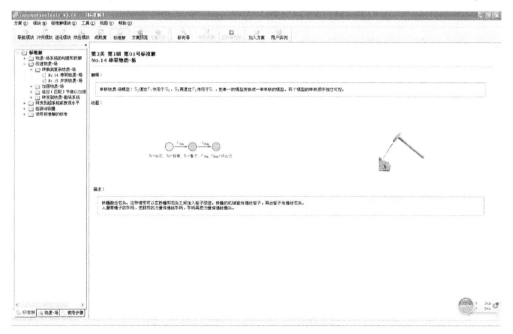

图 7-19　Invention Tool 标准解模块

遇到难以钻削的砂石时，钻机的快速冲击功能就能够将砂石快速破碎，增大了钻机针对不同地层的使用范围，同时提高了钻进效率，具体结构如图 7-20 所示。

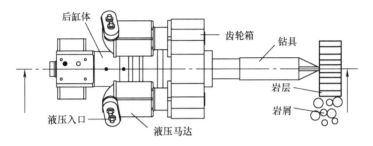

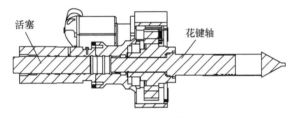

图 7-20　新方案结构示意图

7.4.4　方案评估

分析新的改进方案，其具有以下几点优势：

1）新方案通过增加冲击运动，使两种运动协调作业，极大地提高了效率，缩短了施工周期，节约了大量成本。

2）在提高工作效率的同时，也使得钻机能够在地层结构更加复杂的地点施工，提高了钻机对不同施工地点的适用性，为钻机的快速发展奠定了基础。

7.5　小结

1）物质–场分析是 TRIZ 中的重要问题分析工具。76 个标准解有助于确定问题解决方案的结构形式。将现代设计方法应用于产品设计过程，可以提高产品创新设计的效率。

2）物质–场模型的建立过程以及组件间作用关系的深层次关联，应当深入研究，以增强物质–场模型的问题描述能力与功能表达的规范性。

第8章

技术进化理论

8.1 技术进化系统的组成

技术及其产品要通过不断变化满足用户新的需求，以提高市场竞争力。技术系统的进化分为不同的阶段，目前的阶段与过去及未来的阶段是不同的。从某一阶段开始，经过大量的研发与知识积累之后技术系统进化到下一阶段。

由于市场的压力，技术系统要不断改变，如性能更好、重量更轻、所需制造资源更少、完成的功能更多，即技术系统要向最终理想解进化。技术系统每进化一步都是发明人努力的结果。成千上万的人，包括有资格的工程师及普通人，每年在进行高级别与低级别的创新活动，仅有少量的创新结果被实施，对技术系统的进化做出贡献。发明人作为一个整体是不可控的，他们的工作受市场及兴趣的驱动。通常也不知道其他人正在从事同样的发明创造。这些人的工作似乎处于一种随机状态，但从历史的观点研究，一项发明最终被接受的原因是遵循了技术进化的逻辑。

TRIZ 创始人 G. S. Altshuller 及研究人员经过分析大量专利，发现不同领域中技术进化过程的规律是相同的。如果掌握了这些规律，就能主动预测未来技术的发展趋势，今天设计明天的产品。TRIZ 中的技术进化定律及技术进化路线正是这些客观规律的一种总结，其基本原理如下：

1）技术进化定律及路线应是技术进化的真实描述，能被不同历史时期的大量专利及技术所证实。

2）技术进化定律及路线应能协助研发人员预测技术未来的发展。

3）技术进化定律及路线应是开放系统，随技术发展所产生的新模式及路线应能加入到已有的系统中。

TRIZ 中的技术进化理论反映了技术系统、组成元件、系统与环境之间在进化过程中重要的、稳定的和重复性的相互作用。Fry 及 Rivin 在以往 TRIZ 研究成果的基础上，将技术进化定律归纳为八条。

定律 1：提高理想化水平。技术系统向提高理想化水平的方向进化。

定律 2：子系统的非均衡发展。组成系统的子系统发展不均衡，系统越复杂，不均衡的程度越高。

定律 3：动态化增长。组成技术系统的结构更加柔性化，以适应性能要求、环境条件的变化及功能的多样性要求。

定律4：向复杂系统进化。技术系统由单系统向双系统及多系统进化。

定律5：向微观系统进化。技术系统更多地采用微结构及其组合。

定律6：完整性。一个完整系统包含执行、传动、能源动力和操作控制四个部分。

定律7：缩短能量流路径长度。技术系统向着缩短能量流经系统的路径长度的方向进化。

定律8：增加可控性。进一步增强物质-场之间的相互作用，使系统可控性程度提高。

技术进化定律给出了技术系统进化的一般方向，但没有给出每个方向进化的细节。每条定律之下有多条技术进化路线，每条技术进化路线由技术所处的不同状态构成，表明了技术进化由低级向高级进化的过程，可以作为技术预测的依据。

基于TRIZ的技术进化系统组成如图8-1所示。技术进化模式之下是技术进化路线，每条路线由不同的状态组成，并由工程实例库支持。实例库是来自大量专利分析的结果。图8-1中的已有产品或某项技术是技术进化系统的输入，首先选择可能应用的技术进化定律，然后在其下选择技术进化路线及与这些路线对应的工程实例，类比产生新技术概念。

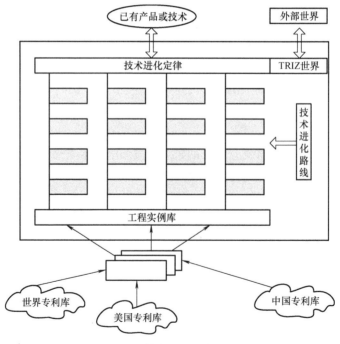

图8-1　技术进化系统组成

8.2　技术进化定律与进化路线

（1）**定律 1：提高理想化水平**　该定律是指技术系统向提高理想化水平的方向进化。公式为

$$理想化水平 = \frac{收益}{成本 + 副作用}$$

增加技术系统的效益，如实现更多的功能、更好地实现功能，减少成本或副作用，均可增加技术系统的理想化水平。该定律是技术进化的根本性定律，描述了技术系统进化总的方向，也是判断一个技术创新是否有效的重要判据。

【例 8-1】功能不断增加的手机。

最初的手机仅有通话功能，目前的手机不仅可以通话，还可以拍照，利用互联网获取各种信息，查英文单词等。功能的增加并没有使价格增加，相反，价格还不断降低。

路线 1-1：孔洞程度增加。

图 8-2 所示为孔洞程度增加路线。为了提高理想化水平，最初采用实体的系统增加一个孔洞，然后增加几个孔洞，之后再采用多孔洞实体和毛细孔实体，最后采用活性物质填充实体。空心砖、空心楼板、保温杯等均是按该路线进化的实例。

图 8-2　孔洞程度增加路线

（2）**定律 2：子系统的非均衡发展**　组成系统的子系统的发展是非均衡的，系统越复杂，非均衡的程度越高。非均衡的出现是由于系统中的某些子系统满足了新的需求，从而其发展快于其他子系统。非均衡将导致系统内部子系统间或子系统与系统间出现冲突，不断消除该类冲突可使系统得到进化。消除冲突的手段是新发明的应用。

【例 8-2】自行车的进化过程。

自行车是 1817 年发明的。被称为 "hobby horse" 的第一辆自行车由机架及木制的轮子组成，骑车人的脚提供驱动力。从工程的观点看，该车存在不舒适、驱动费力等缺点。该车存在的问题是增加速度的需求与骑车人自然能力之间的冲突。

1839 年诞生了靠连杆机构驱动后轮的自行车，但由于该车发明者地处偏僻，所以没有得到推广。1860 出现了驱动前轮的脚踏自行车，为了提高速度，前轮变

大，但同时可操控性和危险增加。

1878 年，脚踏驱动前轮、链轮及链传动的自行车设计成功，为了控制速度，出现了车闸。

1879 年，脚蹬驱动后轮、链轮及链传动的自行车设计成功，速度可以达到很高，但前轮直径依然较大，不舒适。到 1885 年，前、后轮直径相同的现代自行车设计成功，但零部件材料不过关，影响了自行车速度的进一步提高。

20 世纪，各种新材料用于自行车零件。

在自行车进化的过程中，全世界申请了相关专利 10000 件。

【例 8-3】 冰箱的进化过程。

1803 年，Moor 发明了第一台冰箱。他当时的工作是为华盛顿的用户配送奶酪，夏天需要某种装置产生低温以便保存奶酪。Moor 制作了一个具有双层壁的大箱子，在中空的双壁之间填充冰，以达到降低温度保存奶酪的目的。其冲突为有用功能得到了实现，但冰是在冬季采集的，而使用是在夏季。

1850 年，Gorrie 在美国佛罗里达发明了用于制冷的压缩机。Gorrie 的工作是用冰护理疟疾病人，而冰是以很高的价格从马萨诸塞州运来的。他发明了一种压缩机可以制冰，但由于不信任其发明，找不到投资人。1890 年由于食品存储及巧克力工业需要大量的冰，所以制冰机投入生产，以弥补对冰的需求缺口。该设计的冲突为体积大，不适合家庭使用。

到 19 世纪末，家用制冰机诞生了。其冲突为该机器要消耗大量的燃料，如木材、煤、煤油，因此对于普通家庭，其运行成本太高。

1918 年，通用电器开始为厨房生产现代自动冰箱，并称为 "Kelvinators"。其冲突为带驱动的压缩机噪声大，且泄漏氨及硫化物等气体。1926 年，压缩机加上了密封罩，既隔声又防止气体泄漏。1922 年，不带压缩机（吸收型）的厨房用电冰箱诞生了。这两种冰箱处于竞争状态。后一种产品的冲突为噪声小，但制冷能力差。

后来虽然还发明了基于不同原理的冰箱，但带有压缩机的冰箱一直是家用市场的领导者，其原因是生产企业不断增加新的功能，如自动除霜等。玻璃纤维热绝缘材料、半导体制冷技术、相变能量储存材料等的开发与应用，不断提高了冰箱的性能与质量。

【例 8-4】 直升机的发展。

人类的航空发展史始于 16 世纪。鸟类飞行的现象引导着早期航空的发展。鸟类的飞行大体上可划分为三个阶段：起飞、飞行及降落。起飞可分为两种，跑步起飞和跳跃起飞；飞行也可分为两种，前进飞行和空中停留。

一开始，人们想利用可上下移动的翅膀而如鸟类般飞行，但是此构想除了应用于制造玩具外，并没有真正地让人类飞上天空。19 世纪发明了固定翼飞机，但这只能仿真鸟类的跑步起飞以及前进飞行，对于跳跃起飞及空中停留的现象却一直无法用该技术实现。必须解决在无前进速度下的空中停留以及在限制的环境中垂直起飞和降落的问题。而此方向的探讨一直持续到直升机的开发。

直升机面临的最大问题有三个：

1）减小机身结构及发动机的质量，以便飞行器有足够剩余的升力可供使用。

2）抵消因主旋翼转动所产生的扭力。

3）飞行时如何操控。

首先减小质量主要朝着利用较轻材料和提高发动机的效率发展，即从提高发动机所能提供的有效功率和发动机的重量比着手。前者促进了铝合金的使用和复合材料的使用，而后者因限于早期只有往复式发动机而无法实现突破性进展，一直到后来发明了涡轮发动机才有进一步的发展。其次为克服旋翼所产生的扭力，出现了目前所能看到的各种外形的直升机，如主尾旋翼、横向双主旋翼、前后主旋翼、同轴上下旋翼等。最后，对于飞行的操控则出现了目前主旋翼的通用形态，包括翼插销及翼切面集合倾角（Collective Pitch）和循环倾角（Cyclic Pitch）的控制。所谓集合倾角，即同时改变所有翼片的倾角来达到不同升力的效果，此时升力垂直于旋翼旋转平面。另外，旋翼循环倾角即翼片倾角随着旋转翼的转动做周期性改变，而其功用在于旋翼的升力随着翼片旋转时的位置不同而改变，使得旋翼的旋转平面由水平往侧边倾斜，造成旋翼的升力向旁边倾斜，因此有水平的分量拉升直升机水平飞行。如果其往前倾斜，则直升机也往前飞行。

上述三方面问题不断解决的过程是不断发现冲突并解决冲突的过程。从公元前 400 年中国人发明竹蜻蜓，到 15 世纪达·芬奇的直升机构思，一直到今天各种用途直升机的运用，经历了漫长的过程。

应用"子系统非均衡发展"定律的建议步骤如下：

1）确定系统中的不同子系统及其功能。

2）选择感兴趣的子系统及其主要功能。

3）确定由该子系统对其他子系统所产生的副作用或危害，明确冲突。

4）解决冲突。

5）重复1）~4）。

发明问题解决理论中有 40 条发明原理并可以用于解决冲突。

（3）**定律 3：动态化增长**　该定律是指组成技术系统的结构更加柔性化，以适应性能需求、环境条件的变化及功能的多样性需求。

研发新的技术系统主要是解决一个特定的问题，即至少实现一个特定的功能，并在一个特定的环境下运行。这种系统各组成零部件之间具有刚性连接的特征，因此不能很好地适应环境变化。很多该类系统进化的过程表明，动态化或柔性化是一种进化趋势。在进化的过程中，系统的结构逐步适应变化的环境，而且具有多种功能。

【例8-5】 床垫进化过程。

人类的祖先最初是在地面上睡觉的，下面垫上动物的毛皮及树叶。后来睡垫诞生了，它是将毛皮或织物用针线缝制，并填充稻草、动物毛发或羽毛。在人类历史上，这种睡垫或床垫应用了很长时间，但由于该类产品适应性差，所以钢制弹簧被引入床垫的设计中，这类床垫能够较好地分布人体重量，使人感觉更舒服。最近又开发了水床及气垫床，这两种床更能适应人体的形状。现代的高级床垫可以控制任何位置的支撑力，对身体的不同部位，包括头部与腿部进行升、降及按摩等。

路线3-1：向连续变化系统进化，如图8-3所示。

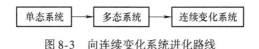

图8-3 向连续变化系统进化路线

【例8-6】 汽车的速度控制系统。

早期的汽车速度控制系统是刚性的，发动机与驱动轮刚性连接，汽车运动速度通过发动机转速进行调节。这种调节系统是单态系统。齿轮变速器的引入改变了这种状况，驾驶人通过手柄可以调节汽车运行速度，而发动机转速始终处于最佳转速或其附近。后来还开发了多达12~20种速度的手动齿轮箱。应用手动有级变速的系统是多态系统。汽车速度调节的另一个方向是开发自动调速器，汽车运行速度可以无级调节，该系统为连续变化系统。

路线3-2：向自适应系统进化，如图8-4所示。

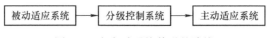

图8-4 向主动系统传递的路线

图8-4表明系统进化有三种状态：被动适应、人工分级控制（人工适应）及主动适应。被动适应系统是在没有设置动力驱动或伺服控制机构的条件下，系统能够适应环境的变化。分级控制系统是指操作人员或通过传感器感知的信号下达指令改变系统的构型，从而改变系统的运行状态，但这种系统改变是分级的，而不是连续的。主动适应系统是装有传感器的系统，传感器自动检测环境的变化，并将这种变化传递给控制机构，从而实施控制，改变系统的运行状态。

【例8-7】 汽车悬架的进化。

汽车悬架是连接车身与车轮之间全部零件和部件的总称，主要由弹簧、减振器和导向机构组成。当汽车行驶在不同的路面上而使车轮受到随机激励时，由于悬架实现了车体与车轮之间的弹性支撑，有效抑制并降低了车体与车轮的动载荷与振动，从而保证汽车行驶的平稳性与操纵稳定性。图8-5所示为被动悬架工作原理，该类悬架主要由螺旋弹簧和液压减振器组成，当其结构确定后，弹簧刚度和减振器阻尼在汽车行驶过程中不能人为地加以控制。

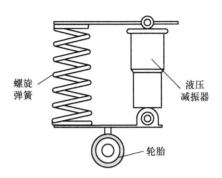

图 8-5 被动悬架工作原理

可切换阻尼式半主动悬架由弹性元件及一个阻尼系数能在较大范围内调节的阻尼器组成，其阻尼系数能在几个离散的阻尼值之间进行切换。虽然它不能随外界输入进行最优控制与调节，但可按存储在计算机内各种条件下最优弹簧和减振器的优化参数指令来调节弹簧的刚度和减振器的阻尼状态。

全主动悬架系统（见图 8-6）所采用的执行元件具有较宽的响应频带，以便对

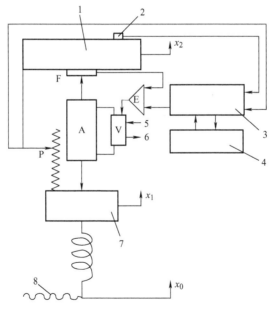

图 8-6 全主动悬架系统

A—执行元件 E—比较器 F—力传感器 P—电位器 V—控制阀 1—悬挂质量
2—加速度传感器 3—信号处理器 4—控制单元 5—进油 6—出油
7—非悬挂质量 8—路面输入

车轮的高频共振也加以控制。执行元件多采用电液或液气伺服系统，控制带宽一般至少应覆盖 0~15Hz，有的执行元件响应带宽甚至高达 100Hz。

路线 3-3：向流体或场进化。

增加柔性化的过程通常包含固定或刚性部件被活动或柔性部件代替的过程，因此存在该路线，如图 8-7 所示。

图 8-7　向流体或场传递路线

【例 8-8】汽车转向系统的进化。

如图 8-8 所示，最初是转向盘通过刚性轴转动车轮使其转向，驾驶人使用该类转向系统很困难，并且在出现交通事故时转向盘很容易伤害驾驶人。为了改进已有系统，刚性轴中间增加了一处铰接，转向盘的位置可以适当调整，车轮的方向控制较容易。后来，将一处铰接变成两处铰接。继续改进系统，将铰接换成柔性轴，之后又改成液力转向系统，最后改进为电动转向系统。

图 8-8　汽车转向系统进化过程

（4）**定律 4：向复杂系统进化**　技术系统由单系统向双系统及多系统进化。单系统具有一个功能，双系统含有两个单系统，这两个单系统可以相同，也可以不同。多系统含有三个或多个相同或不同的单系统。将单系统集成为双系统或多系统是系统升级的一种形式。形成复杂系统的方法是将已有的两个或多个相互独立的单系统集成。集成后的系统实现性能提高，新的有用功能显现。因此，由单系统向双系统及多系统进化是技术系统进化的一种趋势，如图 8-9 所示。

图 8-9　单系统向双系统及多系统进化

【例 8-9】双系统。

剪刀是由两把刀组合的结果，眼镜是两镜片集成的结果，双筒猎枪是单筒猎枪集成的结果。双筒望远镜是两个单筒望远镜集成的结果，如图 8-10 所示。

图 8-10　由单筒望远镜向双筒望远镜进化

【例 8-10】 多系统。

多色圆珠笔、一版邮票、多抽屉橱柜、多缸内燃机、千层饼都是多系统。

路线 4-1： 增加部件的多样性。

同质双系统与多系统的组成部件是相同的，如眼镜的两个镜片具有相同的度数，刷子的毛发是相同的。性能变化的双系统与多系统的组成部件具有相似性，但颜色、尺寸、形状等特征不同，如具有两种密度齿的梳子、一盒不同颜色的粉笔等。非同质双系统与多系统含有不同的部件，部件本身功能也不同，如瑞士军刀（见图 8-11）、工具箱内的不同工具等。反向双系统与多系统含有功能或性能相反的部件，如带橡皮的铅笔、防阳光的眼镜等。所有这些技术进化的过程说明，存在增加部件多样性的一条进化路线，如图 8-12 所示。

图 8-11　瑞士军刀

同质性 ⟶ 性能改变 ⟶ 非同质性 ⟶ 反向特性

图 8-12　增加部件多样性的进化路线

双系统及多系统的组成部件多样性会产生新的效果，如双金属片由线胀系数不同的两金属条组成，对于少量的温度变化，它将产生较大的变形。任何单金属片没有这种效果。在同质双系统或多系统的基础上，使其组成部件的性能变化，可以得到少量变化的多样性，如眼镜的镜片往往具有不同的度数，以适应每只眼睛不同近视程度的需求。

（5）**定律5：向微观系统进化**　技术系统是由物质组成的，物质分为不同层次及不同的微观物理结构。常用的结构为晶体结构、分子团、分子、原子、离子、基本粒子。宏观的物质结构由微观的物质结构组成。技术系统由宏观向微观系统传递是一种进化趋势，即由宏观的物质所完成的功能，如轴、杠杆、齿轮等的功能，由微观物质完成。由宏观系统向微观系统进化的过程可以解决宏观系统中出现的冲突。

路线5-1：向微观系统进化。

该路线如图8-13所示，它表明系统由晶体或分子团状态向分子、原子与离子、基本粒子进化。

图8-13　向微观粒子传递路线

【**例8-11**】金属切削刀具的进化。

传统的金属切削方法为车、铣、刨、磨，其刀具为车刀、铣刀、刨刀、砂轮，这些刀具处于图8-13所示进化路线的初始状态。之后出现了化学腐蚀与电化学加工，金属是被其表面的可控化学反应腐蚀掉的，这种加工方式处于路线的分子状态。等离子加工处于该技术路线的第三个状态。最高级的状态是采用激光加工，激光视为基本粒子束。

该定律的应用遵循以下两条规则：

1）微观系统或结构的采用应实现宏观结构或系统所完成的功能。如电化学加工是利用分子之间的相互作用完成加工，即用分子加工代替传统刀具在力的作用下直接加工工件。

2）微观结构控制宏观结构的特性及行为。如对不同光照变色的眼镜采用了该规则，由于这种眼镜的镜片在强光下变黑，戴该类眼镜的人不再需要太阳镜或遮阳罩。制造过程中在镜片中添加银氯化物，使镜片具有这种透光性的变化。其原理为：光线与氯化物的离子相互作用产生氧化物原子与电子，该类电子与银离子作用，产生银原子。银原子积聚阻碍光的穿透，使镜片变黑，其变黑的程度与光线强度成正比。

（6）**定律6：完整性**　该定律是指自治系统包含执行、传动、能源和操作控制四个部分。其中执行部分是直接完成系统主要功能的部分，传动部分将能源以要求的形式传递到执行部分，能源部分产生系统运行所需的能量，操作控制部分使各部分的参数与行为按需要改变。

【例 8-12】 液压传动系统的组成。

液压泵是系统的能源装置，它将电能转变为液压能。液压油起传动作用，将能量传递到所需要的位置。液压缸是执行部分，它将液压能转变为机械能，并作为系统的输出，完成所规定的操作。各种控制阀（如压力控制阀、方向控制阀和流量控制阀等）是操作控制部分，控制系统协调有序地工作。

路线 6-1：完整性路线（减少人的介入路线）。

最初的技术系统常常是人工过程的一种替代，这种技术系统通常只有工具部分。随着技术进化的过程，传动部分被引入，之后是能源及控制部分的引入，最后取代了人工的参与。完整性路线如图 8-14 所示。

图 8-14　完整性路线

（7）**定律 7：缩短能量流路径长度**　技术系统向着缩短能量流经系统路径长度的方向发展。技术系统运行的基本条件是能量能够从能源装置传递到执行装置，该路径的长度向缩短的方向进化。该定律含有两种技术进化趋势。

1）减少能量传递的级数：①减少能量形式的转换次数，如能量的路径由电能转换为机械能，再由机械能转换为热能构成，将中间环节机械能去掉；②减少参数的转换次数，如电动机输出的转速经过 3 级减速传递给丝杠，丝杠驱动执行机构，将 3 级减速变为 2 级减速。

2）增加能量的可控性，即将可控性较差的能量形式变为可控性较好的形式。能量控制的难易顺序为万有引力形成的势能、机械能、热能、电磁能。因此，将势能转变为机械能，将机械能转变为热能，将热能转变为电磁能是技术进化的趋势。

【例 8-13】 内燃机车与电动机车。

现代列车多采用柴油发动机。该类发动机首先将热能转变为机械能，之后发动机输出的速度及转矩通过传动机构传递给车轮，并带动机车运动。这种机车正在被电动机车所取代，该类机车的能源是电能，可以方便地通过控制面板控制。电动机通过简单的机械传动装置，可以使车轮获得所需要的速度与转矩。新机车无论是效率还是性能均得到提高。

（8）**定律 8：增加可控性**　进一步增强物质-场之间的相互作用，可以增加系统的可控性。

该定律涉及的物质-场是 TRIZ 中的基本概念。G. S. Altshuller 通过对功能的研究发现：

1）所有的功能都可分解为三个基本元件。

2）一个存在的功能必定由三个基本元件构成。

3）相互作用的三个基本元件的有机组合将产生一个功能。

组成功能的三个基本元件分别为两种物质和一种场（Two Substances and a Field）。物质可以是任何东西，如太阳、地球、轮船、飞机、计算机、水、X 射线、齿轮、分子等。场是某种形式的能量，可以是核能、电能、磁能、机械能、热能等。

在 TRIZ 中，功能的基本描述如图 8-15 所示。图中 F 为场，S_1 及 S_2 分别为物质。其意义为 S_1 与 S_2 之间通过场 F 的相互作用改变 S_1。

图 8-15　简化的物质-场符号

组成功能的每个元件都有其特殊的角色。S_1 为被动元件，起被作用、被操作、被改变的角色。S_2 为主动元件，起工具的作用，它操作、改变或作用于被动元件 S_1。S_2 又常被称为工具。F 为使能元件，它使 S_1 与 S_2 相互作用。

物质-场中的物质通过场相互作用，如图 8-16 所示。图 8-16a 表示物质产生场，图 8-16b 表示场作用于物质，图 8-16c 表示物质 S 将场 F_1 转变为 F_2，F_1 与 F_2 可以是相同或不同的场。

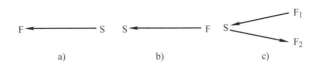

图 8-16　物质与场间可能的相互作用

图 8-17 所示为物质-场表示的功能，可解释为人手产生的机械能（F）驱动牙刷（S_2）刷牙（S_1），电能（F）驱动车床（S_2）车削工件（S_1），或机械能（F）驱动主轴（S_2）带动自定心卡盘上的工件（S_1）旋转。

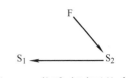

图 8-17　物质-场表示的功能

路线 8-1：增加物质-场的复杂性。

图 8-18a 所示为该路线。初始系统具有不完整物质-场，如图 8-18b 所示缺少场。首先将其进化为完整的物质-场，如图 8-18c 所示；之后将其进化为复杂的物质-场，如图 8-18d ~ f 所示。图 8-18d、e 中增加了场 F_2，经常起控制作用，使不可控的物质-场变得可控；图 8-18f 表示物质-场的串联。

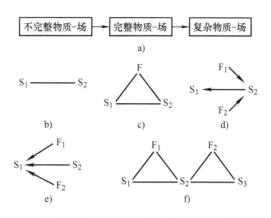

图 8-18　增加物质–场的复杂性路线

【例 8-14】 离心铸造原理。

　　离心铸造是目前管筒类铸件理想的生产方法。首先，在离心力的作用下，铸件内部组织非常致密；其次，由于是一次铸造成形，加工量很小，提高了铸造效率。另外，在材质的选择上，也可以最大程度地满足使用性能而不必考虑加工性能。

　　图 8-19 所示为卧式离心铸造机的铸造原理，其铸型是绕水平轴旋转的，它主要用于生产长度大于直径的套类和管类铸件。该机主要通过自动定量浇注系统，将合金液体注入旋转的管模中，同时离心机沿着轴向平稳旋转，完成离心浇注，最后经过水冷却，用牵引机将铸件脱离铸造机。

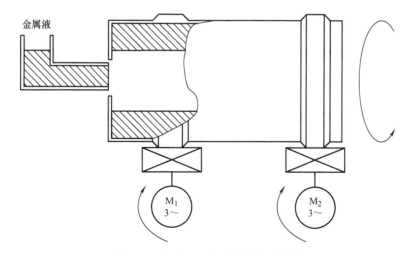

图 8-19　卧式离心铸造机的铸造原理

图 8-20a 所示为传统铸造中模具与铸件及重力场之间的物质-场模型。该模型中模具是工具 S_2，铸件是物质 S_1，场为重力场，即在重力作用下，物质充满模具的内腔，形成工件。为了形成更高质量的铸件，提高浇注过程的可控性是基本方法之一。图 8-19 所示的离心铸造原理的物质-场模型如图 8-20b 所示。该模型是图 8-20a 向复杂物质-场模型的一种进化结果。

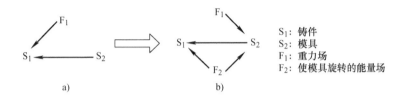

S_1：铸件
S_2：模具
F_1：重力场
F_2：使模具旋转的能量场

图 8-20　物质-场模型

第9章

创新思维

计算机辅助创新（Computer – Aided Innovation，CAI）技术的研究主要集中在计算机技术在知识的管理、数据库的管理等方面，为人类存储和检索信息起到了一定的辅助作用。基于 TRIZ 的 CAI 软件对此过程可以提供相应工程实例的说明，但由于领域问题的具体性，软件所提供的工程实例通常无法直接借鉴，不能系统地指导解决问题的过程。从一定程度上说，TRIZ 是面向人的设计方法学，在产生创新设想的过程中，在确定问题解决思路的过程中，创新思维扮演着重要的角色。基于 TRIZ 理论的问题解决过程，是发散思维和收敛思维相互作用的过程，是运用逻辑思维和非逻辑思维的过程。本章介绍 TRIZ 理论中常用的几种创新思维方法。

9.1　九屏幕法

根据系统论的观点，系统由多个子系统组成，并通过子系统间的相互作用实现一定的功能。系统之外的高层次系统称为超系统，系统之内的低层次系统称为子系统。要研究的或问题发生的系统，通常也称为"当前系统"。

例如，如果研究的当前系统为汽车，那么轮胎、发动机等都是汽车的子系统，而汽车必然要存在于其内部的整个交通系统就是汽车的一个超系统，如图 9-1 所示。

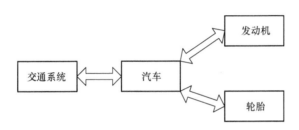

图 9-1　技术系统、子系统和超系统

九屏幕法是一种考虑问题的方法，在分析和解决问题时，不仅要考虑当前的系统，还要考虑它的超系统和子系统，不仅要考虑当前系统的过去和未来，还要考虑超系统和子系统的过去和未来，如图 9-2 所示。

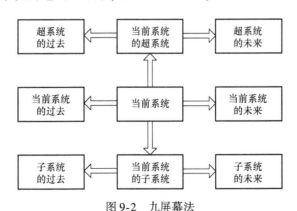

图 9-2　九屏幕法

九屏幕法的步骤为：首先，先从技术系统本身出发，考虑可利用的资源；其次，考虑技术系统中的子系统和系统所在的超系统中的资源；再次，考虑系统的过去和未来，从中寻找可利用的资源；最后，考虑超系统和子系统的过去和未来。

九屏幕法可以帮助人们多角度地看待问题，突破原有思维局限，多个方面和层次寻找可利用的资源，更好地解决问题。

9.2　STC 算子

从物体的尺寸（Size）、时间（Time）、成本（Cost）三个方面来做六个智力测试，重新思考问题，以打破固有的对物体的尺寸、时间和成本的认识，称为 STC 算子。它可以辅助人们在构思问题方案解时发散的思维具有一定的收敛性。

例如，使用活梯来采摘苹果的常规方法，劳动量是相当大的。如何让这个活动变得更加方便、快捷和省力呢？可以从物体的尺寸、时间、成本三个角度来考虑问题，寻求思路。

1）苹果树的尺寸趋于零高度，这种情况下是不需要活梯的，因此解决方案是种植矮的苹果树。

2）苹果树的尺寸趋于无穷高，发明一种超长的摘苹果的剪子，不需要活梯就能解决。

3）假设收获成本费用是不花钱，收获方法就是摇晃苹果树。

4）如果成本费用无穷大，没有任何限制，就是发明一种带有电子视觉系统的和机械手控制的智能型摘果机。

5）如果收获时间趋于零，可以借助轻微爆破或压缩空气喷射法。

6）如果收获时间是无限的，可以任其自由掉落并在树下放一个软薄膜，防止苹果摔伤。

9.3　金鱼法

金鱼法是从幻想式解决构想中区分现实和幻想的部分，然后再解决构想的幻想部分分出现实与幻想两部分。这样的划分反复进行，直到确定问题的解决构想能够实现时为止。采用金鱼法，有助于将幻想式的解决构想转变成切实可行的构想。

金鱼法操作流程：将问题分为现实和幻想两部分（问题 1、问题 2）。

问题 1：幻想部分为什么不现实？

问题 2：在什么条件下，幻想部分可变为现实？

列出子系统、系统、超系统的可利用资源，从可利用资源出发，提出可能的构想方案，对于所提出的构想中的不现实的部分，再次回到第一步，重复。

如何实现埃及神话故事中会飞的魔毯？我们按金鱼法分析方案求解过程。

将问题分为现实和幻想两部分：现实部分包括毯子、空气；幻想部分包括毯子会飞。幻想部分为什么不现实？由于地球引力，毯子具有重量，而毯子比空气重。在什么情况下，幻想部分可变为现实？施加毯子向上的力、毯子的重量小于空气的重量、地球的重力不存在。

列出所有可利用的资源。超系统中有空气中的中微子流、空气流、地球磁场、地球重力场、阳光等。系统中毯子本身也包括纤维材料、形状、质量等。

利用已有资源，基于之前的构想考虑可能的方案：毯子的纤维与中微子相互作用可使毯子飞翔、毯子上安装提供反向作用力的发动机、毯子在宇宙空间或在做自由落体的空间中、毯子由于下面的压力增加而悬在空中（气垫毯）、利用磁悬浮原理、或者毯子比空气轻。

采用金鱼法，将思维惯性带来的想法重新定位和思考，有助于将幻想式的解决构想转变成切实可行的构想。

9.4　小人法

当系统内的部分物体不能完成必要的功能和任务时，就用多个小人分别代表这些物体。不同小人表示执行不同的功能或具有不同的矛盾，重新组合这些小人，使它们能够发挥作用，执行必要的功能。通过能动的小人，实现预期的功能。然后，根据小人模型对结构进行重新设计。

小人法的步骤：第一，把对象中各个部分想象成一群一群的小人（当前怎样）；第二，把小人分成按问题的条件而行动的组（分组）；第三，研究得到的问题模型（有小人的图）并对其进行改造，以便实现解决矛盾（该怎样——打乱重组）；第四，过渡到技术解决方案。

小人法能够更形象生动地描述技术系统中出现的问题，通过用小人表示系统，打破原有对技术系统的思维定式，更容易地解决问题，获得理想解决方案。

为了防止走私核原料，海关在检查集装箱时会产生问题：一方面要快速准确地检查大面积集装箱内是否有核原料，往往需要很长时间；另一方面不能因为此项工作影响车辆通过海关的能力。

建议利用小人法模拟这个问题，如图9-3所示。将系统用许多小人表示执行不同的功能，然后重新组合这些小人，使小人发挥作用，解决问题。核原料为中间的黑头小人，四周被外壳小人包围。假想利用一种工具仪器或材料，其应该具备一定的特性，即工具仪器小人在通过外壳小人和黑头小人时表现出不同的特性，如其与外壳小人相遇时不改变前进方向，而其与黑头小人相遇时，则改变前进方向。

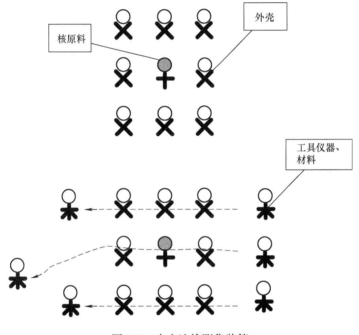

图9-3　小人法检测集装箱

实际应用中，可以选择高能粒子 μ 介子作为仪器工具小人，因为 μ 介子在与核材料相撞时会偏离原前进方向，而与其他材料相遇时仍沿原方向前进。这样可以快速探测集装箱内是否有核原料。

水计量器做得像一个跷跷板，如图9-4所示。水计量器左侧为一槽体结构，水装满后，左侧下沉，水流出槽体。不幸的是，水槽中的水总是不能完全流出，当水槽中还有少量水时，右侧又下压，这样水槽中总有部分水流不出来。如何解决？请读者自行解决。

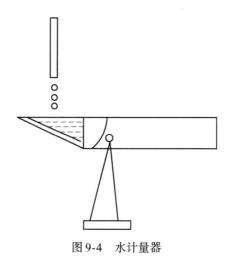

图 9-4　水计量器

9.5　理想解

TRIZ 的一个基本观点是：任何系统都向其理想解方向进化，理想状态不断增加。理想状态（Ideality）定义如下：

$$\text{Ideality} = \frac{\text{所有有益作用}}{\text{所有有害作用}}$$

理想解即消除了所有有害作用，充分发挥有益作用的解决方案。理想解实际是不存在的，当技术系统越接近理想解，其成本越低、效率越高，系统的现有资源利用率越高。

产品处于理想状态的原理解称为理想解，理想解具有四个特征：第一，消除了原系统的缺陷；第二，保留了原系统的优点；第三，不会使系统变得更复杂；第四，不会产生新的缺陷。最理想的技术系统作为物理实体并不存在，但能够实现所有必要的功能。

在 TRIZ 中，理想化的应用包含理想系统、理想过程、理想资源、理想方法、理想机器、理想物质等。理想机器没有质量、没有体积，但能完成所需工作；理想方法不消耗能量及时间，但通过自身调节，能获得所需的效应；理想过程只有过程结果，而无过程本身；理想物质没有物质，功能得以实现。

提高技术系统理想状态的途径见表 9-1。

表 9-1　提高技术系统理想状态的途径

序　号	途　径	序　号	途　径
1	去除附加功能	4	替换元件、部件或整个系统
2	去除元件	5	改变操作原理
3	自服务	6	资源利用

通过上述 6 个途径，可以改善技术系统的理想状态，提高工程方案的形成速度与质量。对于很多设计实例，理想解的正确描述会直接得出问题的解。

ARIZ 算法中给出了确定理想解的步骤：

1）设计的最终目标是什么？

2）理想解是什么？

3）达到理想解的障碍是什么？

4）出现这种障碍的结果是什么？

5）不出现这种障碍的条件是什么？

6）创造这些条件存在的可用资源是什么？

下面这个有趣的实例说明了 ARIZ 算法中确定理想解的过程。农夫在繁忙的工作之余养了一只兔子，为了让兔子很好地生长，需要把它放到草坪上吃草，但是这里出现了一个问题：为了不让兔子丢失，必须控制它的行动。把它放到笼子里，但是放到笼子里后，兔子的行动受到了限制，它很快就能吃完笼子罩住的青草，而无法继续吃其他区域的青草；如果把兔子直接放养在草坪上，兔子可以尽情地享受青草，但是兔子也可能丢失。如何解决？

ARIZ 算法中给出了确定理想解的步骤：

1）设计的最终目标是什么？

兔子能够吃到新鲜的青草。

2）理想解是什么？

兔子永远能够自己吃到青草。

3）达到理想解的障碍是什么？

兔子的笼子不能移动。

4）出现这种障碍的结果是什么？

由于笼子不能移动，可被兔子吃的草的面积不变，短时间内青草就被吃光。

5）不出现这种障碍的条件是什么？

当兔子吃光笼子内的青草时，笼子移动到有草的地方。

6）创造这些条件存在的可用资源是什么？

笼子本身安上轮子，兔子自身可推动其到有草的地方。

第10章

资源分析

在产品设计或发明创造的过程中，系统地分析可用资源的利用，有利于工程人员克服心理惯性，高效地解决问题。善于利用系统中的物质资源是高水平发明家的标志。

10.1　实例分析与思考

现在分析一个实例。和地上的起重机相比，船上的起重机没有牢固的支座，从船舷以外提重物时可能会把整船弄翻，造成事故。因此需要某种巧妙的平衡重量的系统：起重机的长臂转动，重物离船的重心越来越远，需要增加对面船舷上的平衡物的重量。在重物做返回运动时，平衡物的重量应该减轻，也就是说平衡物不可能是恒定的，而应该时而增加，时而减轻。如何实现呢？

尝试解决该问题，可以有若干措施，如在船上配有若干重物块，当船一侧起吊重物时，把重物块堆放在船舷的另一侧；在船底安装两个螺旋推进器，当某侧起吊重物时，该侧船底的螺旋推进器旋转，产生反向升力……

到底什么样的方案才是比较好的方案呢？在选择资源解决问题时，什么样的资源才是应该优先考虑的呢？为了获得平衡力，必须引入具有重量的物质，由于重力场的存在，有重量的物质均可提供重力以作为平衡力。到底引入何种物质效果才最为理想呢？显然，在技术系统当中，存在无限量的免费物质，那就是"水"。

问题很简单：平衡物应该来自于水（苏联专利 1202960）。对面船舷上挂一个盛水的容器（浮箱）。如果其完全沉入水中，平衡力几乎没有，如果将其逐渐从水中提起，平衡力就会逐步增加到需要的数值。解决方案模型如图 10-1 所示。

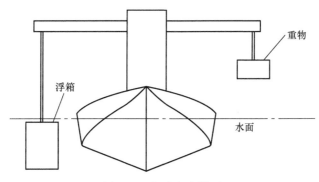

图 10-1　解决方案模型

通过这个工程实例的分析，可以看出在选择资源解决工程问题时，应该按照提供系统理想度的方向搜索可用资源。在这个过程中有很多可以遵循的规则，这些规则就是本章的主题内容。

10. 2 　可用资源的分类

产品的设计过程或者说创造发明的过程中，为了满足技术系统的功能，总要利用各种资源。设计中的可用资源对创新设计起着重要的作用。特别是当问题已经接近理想解（IFR）时，可用资源的利用对问题的解决就更为重要。对于任何系统，只要还没有达到理想解，就应该具有可用资源。对可用资源进行深入的分析，对于产品的设计过程十分重要。

任何产品都是超系统的一部分，也是自然界的一部分。产品作为一个技术系统，总是在特定的时间和空间范围内存在，其由一定形式的物质或场组成，同时也利用特定的物质或场完成特定的功能。按照资源的特性，对可用资源进行以下分类。

1）自然或环境资源，即存在于自然中的任何形式的物质材料或场。

实例：太阳电池，其直接利用自然界中的能量资源。

2）时间资源，即没有充分利用或根本没有利用的时间间隔，它存在于系统启动之前、关闭之后或工程环节的循环之间，如利用子系统的初始化布置时间，暂停的利用；使用同步操作；消除惰性运动等。

实例：同时烹饪不同的食物，节约宴会的准备时间。

3）空间资源，即位置、子系统的次序、系统及超系统，包括产品的中空部分或孔状空间、子系统之间的距离、子系统的相互位置关系、对称与非对称。

实例：在食品的包装袋上放置广告。

4）系统资源，即当改变子系统之间的连接，或在新的超系统中引入新的独立的技术时，所产生的新的功能或技术属性。

实例：将扫描仪和打印机结合使用，起到复印机的效果。

5）物质资源，任何可以完成特定功能的物质资料。

实例：将木料直接作为燃料，放置火炉内燃烧。

6）能量或场资源，系统中存在的或能产生的场或能量流。

实例：炼钢厂高炉利用余热发电。

7）信息资源，即技术系统中能产生的或存在的信号，通常信息需通过载体表现出来。

实例：刀具在切削加工过程中产生的振动频谱可用于对刀具磨损状态的检测。

8）功能资源，即技术或其环境中能够产生辅助功能的能力，如利用已经存在的中性功能或有害功能。

实例：任务规划软件功能的实现要利用计算机内部的时钟。

在解决技术问题的过程中有效利用资源，通常可以产生理想的解决方案，特别是当正确使用了资源时，会带来意想不到的效益。在设计过程中深入学习利用资源的意义重大。

10.3　资源可利用程度分析

资源可分为内部资源和外部资源。内部资源是在冲突（问题）发生的时间、空间区域内的资源。外部资源是在冲突（问题）发生的时间、空间区域的外部存在的资源。

内部资源与外部资源又可分为直接利用资源、导出资源以及差动资源三大类。

1. 直接利用资源

直接利用资源是指在当前存在的状态下可被直接应用的资源，如物质、能量场、空间和时间资源都是可被多数系统直接应用的资源。

实例：为了防止机械零部件在工作过程中过热，通常会在可能发生过热的部位放置含有热电偶的温度控制系统。

直接利用物质资源：汽油可作为发动机的燃料。

直接利用能量资源：汽车行驶过程中，可以通过发动机获得电能，以供给汽车的电子设备。

直接利用场资源：地球上的重力场及电磁场。

直接利用信息资源：汽车排放废气中的油或者其他颗粒，可以提供发动机工作性能的信息。

直接利用空间资源：在半导体晶片的表面放置描述性文字。

直接利用时间资源：汽车在维修的同时去超市购物。

直接利用功能资源：人站在椅子上更换屋顶的灯泡，椅子的高度就是一种可直接利用的功能资源。

2. 导出资源

通过某种变换，使不能利用的资源成为可利用的资源，这种可利用的资源称为导出资源。原材料、废弃物、空气、水等，经过处理或变换都可以在产品中采用，从而成为可利用资源。在这个变化过程中，常常需要物理状态的改变或借助于化学反应。

导出物质资源：由直接利用资源，经过适当的转换而得到的可以利用物质。如毛坯是通过铸造得到的材料，相对于用于铸造的原材料，其已经是一种导出资源。

导出能量资源：通过对直接利用能源的转换，或改变其作用的方向、强度或其他特性而得到的一种能源。如石灰溶解于水的过程中释放大量的热能；热电偶将热能转换为电子信号，以方便测量温度。

导出场资源：通过对直接利用场资源的转换，或改变其作用的方向、强度或其他特性而得到的一种场资源。如云体与地球之间的静电场，在放电过程中转换为闪电，得到一种新的场形式，即电磁场。

导出信息资源：通过对不相关的信息进行转换，从而得到与设计需求相关的信息。实时性与精确性对于信息资源十分重要。如地球表面微小的磁场变化可以用来发现矿藏。

导出空间资源：通过几何形状或效应的利用而获得的额外空间，如通过莫比乌斯效应使磁带或带锯的工作空间成倍扩大。

导出时间资源：由于加速、减速或停顿而获得的时间间隔，如压缩数据以提高传输效率。

导出功能资源：通过合理地改变，产品可以完成辅助功能的能力。如锻模经过修整后，可以用字母或标记置于锻件之上。

3. 差动资源

物质或场的属性差异是一种可形成某种技术的资源，这种资源称为差动资源。差动资源可分为差动物质资源和差动场资源两类。

（1）**差动物质资源**

1）结构各向异性。各向异性是指物质在不同方向上的物理属性的差异。

光学特性：金刚石只有沿对称面做出的小平面才能显示出其亮度。

电特性：石英板只有当其晶体沿某一方向被切断时才具有电致伸缩性。

声学特性：一个零件内部由于其结构有所不同，表现出不同的声学性能，使超声探伤成为可能。

机械特性：劈柴时一般是沿最省力的方向劈。

几何特性：只有球形表面符合要求的药丸才能通过药机的分拣装置。

化学性能：晶体的腐蚀往往在有缺陷的点处首先发生。

2）材料属性差异。如合金碎片的混合物可通过逐步加热到不同合金的居里点，然后用磁性分拣的方法将不同的合金分开。

（2）**差动场资源**　场在系统中的不均匀可以在设计中实现某些新的功能。

1）场梯度的利用。在烟囱的帮助下，地球表面与3200m高空中的压力差，使炉子中的空气流动。

2）空间不均匀场的利用。为了改善工作条件，工作地点应处于声场强度低的位置。

3）利用场的值与标准值的偏差。病人的脉搏与正常人不同，这种差异可以辅助医生分析病情；热成像原理是基于物体热辐射的差异。

10.4　资源评估原则

在进行可利用资源分析的时候，常遇到以下问题，如在问题解决的过程中，如何选择资源；搜寻可利用资源的时候是否有顺序；如何以更合理的方式利用资源。表 10-1 与表 10-2 分别给出了可利用资源的评估准则与可利用资源的有效性准则。

表 10-1　可利用资源的评估准则

可用资源评估	
定量评估	不足
定量评估	充足
定量评估	无限
定性评估	有益
定性评估	中性
定性评估	有害

表 10-2　可利用资源的有效性准则

资源的有效性	
可直接利用的程度	直接利用资源
可直接利用的程度	导出资源
可直接利用的程度	差动资源
位置	在操作区域
位置	在操作阶段
位置	在系统中
位置	在子系统中
位置	在超系统中
价值	昂贵
价值	便宜
价值	免费

在选择可利用资源的时候应当试图在解决问题的成本最低的条件下尽可能使问题解决结果最理想。下列可用资源的选择顺序可以帮助我们实现这一目标。

1）间接资源，特别是废弃物资源的利用。

2）外部自然环境中的资源。

3）工具资源的利用。

4）产品其他子系统的利用。

5）在可以消除相互之间的不良作用的情况下，引入全新的资源（现有技术系统中没有的资源）。

通常合理利用无限量的资源，会使问题解决更容易，这种无限量的资源可以从自然环境中获得，如空气、水、物质的温度、太阳能、风能等。如果有必要利用环境中不存在的直接利用资源，可优先在技术系统中寻找可以利用的充足资源，通常这些资源和技术系统的有效功能或中性功能有关，技术系统可以产生的或消耗的物质或能量资源，再或者是技术系统中的可利用的自由空间。一般来说，我们利用有限量资源时会带来一些负面影响，增加问题解决的成本。也可以基于资源的有效性，以下列顺序检测可利用资源。

1）有害资源（特别是生产废弃资源、污染物、未利用的能源）。

2）直接可利用资源。

3）导出资源。

4）差动资源。

按上述顺序搜寻可利用资源可以提高技术系统的理想程度，改善制造系统绿色度。应当注意到，将一种简单资源转变为导出资源、差动资源，都会增加技术系统的复杂性，增加成本。上述顺序对于大多数情况是适用的，但不意味着这个顺序对于所有产品或问题的解决都是一个最佳的资源选择顺序。有些时候，子系统、产品的能量、产品的行为、产品的功能也可以提供可利用资源。

不幸的是，在问题解决过程中，所需要的资源通常是不易被人们发现的，需要认真挖掘才能找到可利用资源。下面给出以下通用的建议：

1）将所有的资源优先集中于最重要的动作或子系统。

2）有效地利用资源，避免资源的损失、浪费。

3）将资源集中到特定的时间和空间。

4）利用其他过程中浪费的或损失的资源。

5）与其他子系统分享有用资源，动态调节这些子系统。

6）根据子系统隐含的功能，利用其他资源。

7）对其他资源进行转换，使其成为有用资源。

不同资源的特殊性，可以帮助设计者克服资源的限制：

空间：

1）选择最重要的子系统，将其他子系统放在空间不十分重要的位置上。

2）最大程度地利用闲置空间。

3）利用相邻子系统的某些面，或一表面的反面。

4）利用空间中的某些点、线、面或体积。

5）利用紧凑的几何形状，如螺旋线。

6）利用其他物体暂时闲置的空间，动态改变其形状。

时间：

1）在最有价值的工作阶段，最大程度地利用时间。

2）使过程连续，消除停顿、空行程。

3）变换顺序动作为并行动作。

材料：

1）利用薄膜、粉末、蒸汽将少量物质扩大到一个较大的空间。

2）利用与子系统混合的环境中的材料。

3）将环境中的材料，如水、空气等，转变成为有用的材料。

能量：

1）尽可能提高核心部件的能量利用率。

2）限制利用成本高的能量，尽可能采用低廉的能量。

3）利用最近的能量。

4）利用附近系统浪费的能量。

5）利用环境提供的能量。

当经过上述方法仍找不到理想的可用资源时，可以尝试下述建议：

1）将两种或两种以上的不同资源结合。

2）向更高级别的技术系统更进。

3）分析当前所需资源是否必要，重新规范搜索方向。

4）运用廉价、高效的资源，对主要的产品功能替换其他的物理工作原理。

5）替换现有的技术动作，向相反的技术动作更进（如不再冷却子系统，而是加热它）。

第11章

创新方法与知识流动

我国自 20 世纪 80 年代以来，以改革开放促进发展的模式实现了经济社会的持续快速发展。当代科学技术的迅猛发展孕育了依赖知识、创新实现经济发展的新模式。面对全球发展模式的转变和我国经济社会发展的实际，政府做出了建设创新型国家的战略决策。

11.1　技术创新中的知识流动

谢友柏院士指出，现代设计是以知识为基础，以获取新知识为中心，产品设计的过程可以看成是知识在设计的各个有关方面和各个节点之间流动的过程。技术创新涉及新产品开发、新工艺等领域，依赖于知识的有效应用。

知识流动伴随着人类的技术实践活动。当知识逐步取代资本、劳动与机器等要素，成为重要的生产因素时，知识的价值通过知识的流动突显出来。知识流动一般涉及知识获取、组织、共享、创造几个往复循环过程环节，如图 11-1 所示。

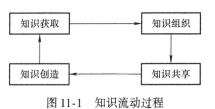

图 11-1　知识流动过程

众多学者围绕着知识流动做了大量的研究，一般认为，知识流动具有以下特点：①知识流动过程需要主体参与，包括个体、组织或区域；②知识流动是一个复杂的过程，其机制需要深入研究；③知识流动有助于知识创新局面的出现；④知识流动需要一定的条件和外部环境的配合。

创新方法的推广的目的是提高企业的创新能力，技术创新的实现有赖于知识的有效运用，因此，在推广创新方法的过程中应注意知识流动的特点，分析影响知识流动的因素，采取适当的模式。

11.2　企业文化

11.2.1　企业文化的重要性

企业文化是影响企业知识流动行为的重要因素。社会各界的先进人士为企业的技术创新提出了若干理念、方法和工具，如执行力、技术路线图、破坏性创新理论、TRIZ 等。Terrencce E. Deal 与 Allan A. Kennedy 指出："传统的观念把结构和战略作为任何组织的推动力，认为企业是一个完全理性的创业实体……而我们通过观察却得到另外一个结论：如同远古时代的部落一样，根深蒂固的传统和广为接纳与共享的信念支配着当代的企业组织。"这里说的传统和信念指的就是"企业文化"。

Terrencce E. Deal 与 Allan A. Kennedy 给出了企业文化的构成要素，包括企业环境、价值观、英雄人物、礼仪和仪式、文化网络。关于企业核心竞争力究竟是什么，业内有过许多种说法。企业核心竞争力很可能是很多关键因素和谐作用的结果，但是毫无疑问，企业文化是各种理念、方法和工具整合、实施的基础。

很多学者从技术创新的微观过程的角度研究新概念开发的过程和规律，其也没有忽视企业文化对于技术创新的重要作用。Koen 等提出了面向模糊前端的新概念开发模型，如图 11-2 所示。该模型由中央、中部和外部组成。中央是创新的发动机，由企业领导与企业文化等元素组成，这些元素对于推动企业产品或技术创新起着重要的作用。

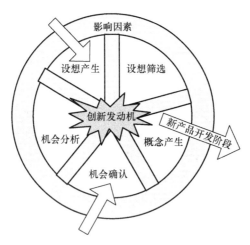

图 11-2　新概念开发模型

经济合作与发展组织（Organization for Economic Co－operation and Development，OECD）在国家创新体系方面的研究指出，国家创新体系的核心问题就是知识流动。欧盟国家的创新系统，从长远战略出发，把促进创新文化的发展列为第一个欧洲创新行动计划的第一个优先发展的领域，并为之采取相应的措施。创新文化无论对企业或区域创新能力的重要性可见一斑。

11.2.2　企业文化与知识流动

企业技术创新能力的提高会遇到各种障碍，如来自资金方面的压力、技术瓶颈、组织不力、机制问题等，但最深层次的障碍是来自文化层面的阻力，严重阻碍了知识的流动，其集中体现在企业价值观与制度体系的作用形式上。

　　李顺才、邹珊刚通过对比知识流动和液体流动的相似性，提出了知识流动机理的三维分析模式，该框架包括三个维度，包括知识区位、动机水平、环境因素。企业文化会通过其在各个环节的渗透，影响企业员工和企业的组织行为特征，对上述三个维度形成负面影响。

　　知识区位产生的知识势差是知识流动的客观条件。从知识区位的角度，参与知识流动的个体知识存量水平，决定了不同知识区位间存在知识势差，从而导致知识流动。在创新不受重视，甚至是受排斥的文化氛围里，不利于员工的成长与人才的塑造，企业容易把单纯的赚取利润确定为企业的奋斗目标，不可能把大量的人力、财力用于技术创新活动的开展，长此以往，企业的发展跟不上时代的步伐，员工的知识存量水平势必受到负面影响。

　　除此之外，企业文化还会通过企业制度层面影响企业技术创新。激励制度会影响技术创新参与主体的主动性，从而影响知识流动的速度和利润水平。合理的收益分配政策是构建优秀企业文化的重要组成部分。

11.2.3　企业文化与创新方法

　　改革开放以来，我国企业取得了长足的发展，无论是组织架构、硬件装备还是员工的知识水平都大有改观。

　　从制造业企业的视角看，随着大量资金的投入和先进制造、设计技术的引进，企业的技术创新能力的提升并不理想。众多企业都重视技术创新工程的实施，却忽视了文化建设的作用。部分企业开展了企业文化建设活动，却把精力集中在活跃职工文化生活、文艺体育活动等方面，对技术创新没有明显的促进。

　　从内容与形式的哲学关系的角度看，内容是事物内在各种要素的综合，而形式是内容的外在表现，两者是相互影响、相互转换的。特定形式的存在，会影响事物内涵的发展。企业文化是企业发展中的"内容"问题，而采用何种方式建设企业文化是一个"形式"问题。特别是面向技术创新的创新型企业文化建设，需要有力的"形式"载体，其落脚点终究要落实到工程问题的解决层面，并非简单的为员工做"思想工作"。技术创新氛围的造就是一个系统工程，其基本要求是用有效的方法论武装员工，综合处理文化的各个组成要素，促进知识的流动。

　　TRIZ 理论是基于世界范围内的专利分析形成的解决发明问题的方法体系，对于工程创新有较强的操作性。企业深入开展以 TRIZ 理论为主要内容的创新方法工作，有助于形成创新型企业文化。这方面的研究还需要深入地开展。良好的企业文化基础又为创新方法的推广提供肥沃的"精神土壤"。

11.3 产学研合作

第二个要谈的问题是产学研合作的问题。企业实现技术创新的过程中充分利用高等院校和科研机构的智力资源，是社会发展的需要。

11.3.1 产学研合作研究

党的十七大明确指出："加快建立以企业为主体、市场为导向、产学研相结合的技术创新体系是提高国家自主创新能力的重要途径。"

从资源属性上讲，高等院校和科研机构拥有丰富的智力资源，但是对市场的了解不及企业及时，而企业对市场的感知最为敏感，在产学研合作的过程中通过信息的交换与知识的流动，促进成果的转化以及技术创新过程，如图11-3所示。

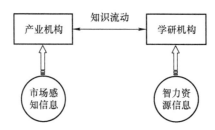

图 11-3 产学研知识流动

但是从现实的产学研合作绩效来看，效果并不理想。众多学者从不同角度，如知识流动、动力机制、利益分配、知识管理体制等方面展开了深入的研究与实践。姚威、陈劲深入分析了产学研过程中的知识创造本质和机理。

上述研究为促进基于产学研的技术创新过程提供了支持。

11.3.2 产学研合作的教育职能

从产学研合作的深刻内涵上讲，更加强调产学研合作的教育职能。

通常，对产学研结合的理解更多地停留在单一的层面上，更多的是关注高校、研究所和企业为共同实现技术创新而形成的合作关系，该过程中的科技成果市场化的重要性得到人们的普遍认可与关注。既然技术创新依赖于知识流动过程，而知识流动过程需要个体（参与人员）的参与，那么个体的知识创造能力必然是影响产学研合作绩效的重要因素。

如果从宏观的角度理解产学研过程，其内涵还应包括教育和社会经济发展相结合，即高等教育要同国民经济发展和社会发展的要求相适应，高等学校培养的各种人才一定要适合国民经济发展和社会发展的需要。

通过产学研合作过程，全面提升学生和工程人员的创新能力，进而提高全民族的创造力。人体素质的提高也必然会促进技术创新过程中的知识流动。

如果单方面关注产学研合作的成果形式，如论文发表、专利申报、评奖结果等，而忽视了该过程中参与个体的能力的提高，对于国家的长远发展是十分不利的。

从服务于国家自主创新能力提高的层面上，产学研合作的组织形式与创新方法的推广的根本目标是一致的。前者是社会资源的有效组合形式与途径，后者是方法论层面的全面支撑。

创新方法推广的核心问题是创新人才培养问题，产学研合作是普及创新方法的重要途径，是塑造创新型人才的有效平台。企业的市场化需求为创新方法的应用提供有力的引导，该过程又是人才培养的有效渠道。

11.3.3　创新方法推广中的人才培养

《高等教育法》第五条规定：“高等教育的任务是培养具有创新精神和实践能力的高级专门人才，发展科学技术文化，促进社会主义现代化建设。”高级专门人才的培养应包括在校生与在职人员的培养。

引导更多的高校开展创新方法工作，开展创新方法教学和研究，鼓励学生掌握创新方法，拓展思维方式，促进科学思维的培养。将企业的实际技术创新需求引入高校的教学与科研环节，为本科生与研究生的培养提供有效的素材和知识环境。大学生创新设计大赛是一种很好的实践形式，该过程也应注意和企业发展相结合，提高大学生的创新实践能力，为社会输送创新型人才。

从在职人员的再教育角度，为了适应社会发展需要，为企业培养创新工程师，针对企业创新的迫切需求，以高校为依托，开展以创新方法为主要研究与应用内容的工程硕士培养，解决创新人才匮乏问题，是为企业内部培养创新方法高级人才的有效形式。

11.4 技术创新中的微观问题研究

除了外部氛围、工程人员的素质之外，从知识流动具体内容的角度看，技术创新的实现也依赖于若干微观问题的解决方法。本书以产品设计过程为例讨论上述问题。

11.4.1 设计过程

产品设计是技术创新中的一类典型实践活动，其过程复杂，不同企业设计过程也有所差别。描述型与规定型是两种基本的设计过程模型。不同的设计理论从各自的侧面有所着重地解决产品设计过程中的产品需求分析、概念设计、技术设计及详细设计过程中出现的各类问题。Milton D 指出，新产品开发过程正在从一种"艺术"转向更有效、更系统的方法，如图 11-4 所示。

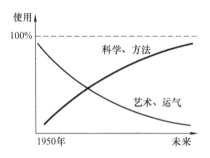

图 11-4 设计过程的规律性增强

系统化设计理论、公理化设计理论、质量功能展开、发明问题解决理论等都是当今世界优秀的产品设计理论，为解决设计过程中的问题提供理论指导。

11.4.2 微观问题领域的研究

模糊前端、新产品开发和商品化是产品创新的三个基本过程。每个阶段都会出现各种阻碍创新进展的"问题"。解决这些问题是实现技术创新的核心。TRIZ

理论为解决各种"问题"提供了多种工具,其应用流程如图 11-5 所示。由"领域问题"得到"领域解"是一个知识流程过程,该过程中存在一些基本的微观问题,影响着知识应用过程。

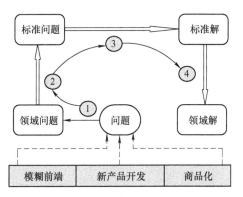

图 11-5　创新方法应用流程与微观问题

(1) **问题定义**　问题的正确定义是解决问题的首要环节。从需求分析,到产品的完整图样信息确定,需要经历若干环节,需求、功能元求解等问题均会制约创新流程。各种问题的正确定义需要不同的理论指导。

质量功能展开(QFD)是在满足顾客期望的基础上,进行系统化的产品设计和生产的科学方法,重视顾客驱动因素,其以市场为导向,以顾客需求为依据,可辅助设计人员根据顾客需求的变化准确定义创新问题。

制约因素理论(TOC)指出在任何一个客观现实系统中,总是极少数的关键环节制约或主导着绝大多数的普通环节。抓住这极少数的关键环节进行系统调控,就可以收到事半功倍的效果。云团消散图等工具的应用可以识别技术系统存在的瓶颈问题。

(2) **标准化**　创新问题定义后,创新方法(TRIZ)的应用有一般性流程,如图 11-5 所示。要借鉴 TRIZ 体系中的标准解法,需要将创新问题转化为 TRIZ 理论可以接受的标准问题,檀润华、杨柏军等人系统地区分了在模糊前端阶段基于 TRIZ 的创新设想产生的四种模式,即战略机遇确定模式、冲突求解模式、困难功能元求解模式和标准解模式。上述形式化问题通常是 TRIZ 体系中的基本问题模型。

(3) **推理过程**　从标准问题到标准解的确定过程是一个基于知识的推理过程,通常需要 CAI 软件的支持,其核心是知识库的构建。知识的表示方法的研究是关键问题之一。

本体论(Ontology)、基于实例的推理(CBR)、混合推理等知识表示与推理技术在标准解推理过程中的应用中日益广泛。支持跨领域的知识推理过程需要对创新本质进行更深入的研究。

（4）**领域问题求解**　将 TRIZ 通用解转化为领域问题的特殊解过程中，主要依靠工程人员自身的领域知识和经验。基于 TRIZ 的 CAI 软件对此过程可以提供相应工程实例的说明，但由于领域问题的具体性，软件所提供的工程实例通常无法直接借鉴，不能系统地指导解决问题的过程，其成为运用 TRIZ 理论解决问题的瓶颈。

基于功能–行为–结构情景设计的未预见发现构造模型、类比设计（ABD）以及物理行为分析等方法逐步应用于领域解求解过程中。

11.5　小结

通过理论分析与创新方法的应用实践过程，可认为促进知识流动是创新方法推广的根本目标。要实现上述目标，要注意以下几个方面：

1）从知识流动的主体参与的角度来看，创新方法推广的核心问题是人才培养问题。产学研合作的教育职能应当引起社会的高度重视。能否培养出大量的掌握创新方法的工程人员，是创新方法推广成败的关键。

2）要重视企业文化的塑造。企业是社会技术创新的主体。在制约企业技术创新能力提高的障碍因素中，文化层面的阻力是最深层次的障碍。创新方法的推广和企业文化建设应相辅相成，形成相互促进的局面，有利于形成促进知识流动的宏观人文环境。

3）加强设计理论中的各种微观问题的研究对于促进创新方法的应用意义深远。TRIZ 理论的推广过程中要重视与其他创新设计方法的集成应用。对于产品概念设计中的重要学术问题，科技部门应加大立项支持力度。相关问题学术研究的深入开展是创新方法推广工作有力的支撑。

第12章

创新方法推广模式的探讨

创新方法的实施是一项政府牵头，产学研各界广泛参与的系统工程，需要各方的协作。如何充分利用各类社会资源，采取相应的模式，使其发挥自身优势，服务于创新方法工作的实施，需要深入研究创新方法工作的本质特征。为了有效地促进创新方法的应用，服务创新型国家建设的战略部署，促进企业自主创新能力的提高，在推广创新方法工作实践的基础上，本书提出了以试点建设为支撑、以人才培养为核心、以官产学研为纽带、以理论培训为途径、以知识流动为目标的创新方法推广模式，并讨论了各个环节工作开展的具体问题。

12.1　技术创新与创新方法

科技创新不仅仅是企业能否取得高额利润的保障，也是关乎国家安全的关键因素之一。企业自主创新能力的提高是优化经济结构的基础。面对全球发展模式的转变和我国经济社会发展的实际，政府做出了建设创新型国家的战略决策。如何提升我国企业的技术创新能力，成为全社会关注的焦点。

创新是一个极其复杂的过程，人类对创新本质的认识与研究还远远达不到科学的层次。但是众多创新学者，经数十年的研究发现，科学技术的发明创造有一定的规律可循，他们大多是以原则、诀窍、思路形式指导人们克服心理和思维的障碍，改善思维的灵活性的过程。自 20 世纪 30 年代至 80 年代，世界上出现了 300 多种创新方法，10 多种创造原理。常见的创新方法有以下几种：头脑风暴法、5W2H 法、仿生联想法、列举类技法、组合创新法、功能设计创新法、反求设计创新法等。

这些创新设计方法，各自从不同的角度、在一定程度上突破了制约创新的相关因素的限制。

发明问题解决理论简称 TRIZ 理论。该理论是苏联 G. S. Altshuller 及其领导的一批研究人员，自 1946 年开始，花费 1500 人/年的时间，在分析研究世界各国 250 万件专利的基础上提出的。20 世纪 80 年代中期，随着一批科学家移居美国等西方国家，逐渐把该理论介绍给世界产品开发领域。

TRIZ 理论的研究者从开始就坚信发明问题的基本原理是客观存在的，这些原理不仅能被确认，也能被整理成一种理论，掌握该理论的人不仅提高发明的成功率、缩短发明的周期，也使发明问题具有可预见性。TRIZ 理论从技术哲学的角度指出，类似的问题与解在不同的工业及科学领域交替出现，技术系统进化的模式在不同的工程及科学领域交替出现，创新所依据的科学原理往往属于其他领域。由于该理论具有良好的可操作性，可以大大加速技术创新的过程，为很多大公司所采用。

创新方法工作是创新型国家建设的重要组成部分。创新方法的有效推广受到社会的普遍关注，是创新方法试点省份的主要工作内容之一。各个试点省份的积极探索为创新方法的有效推广提供了宝贵的经验。

12.2 创新方法的推广

推广创新方法是一项系统工程，具有复杂性和长期性，不是一蹴而就的简单事物。基于创新方法工作开展实践，本书讨论了创新方法推广过程中几个方面的工作：试点建设、人才培养、官产学研、理论培训、知识流动。上述因素对于创新方法的推广有直接影响，如图 12-1 所示。

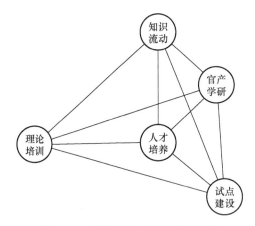

图 12-1 创新方法工作的主要内容

12.2.1 以试点建设为支撑

创新方法工作是一项新事物，如何有效地开展工作，需要逐步探索。为了获得必要的经验，降低全面展开工作的盲目性和风险，设立创新方法试点是十分必要的。从全国范围内筛选创新方法试点省份，从创新方法试点省内筛选创新方法试点单位，是落实创新方法工作的主要渠道。

创新方法工作重点面向科研机构、企业、教育系统。在创新方法试点省内筛选创新方法试点单位，可以从上述三个群体中选取有坚实工作基础、工作积极性高的单位。试点单位建设是创新方法工作深入开展的重要抓手：一方面其直接完成部分工作；另一方面，通过试点单位的工作开展，总结经验，为更多的单位参与创新方法工作提供可借鉴的经验，发挥示范性作用。

12.2.2　以人才培养为核心

国家中长期教育改革和发展规划纲要（2010—2020）指出："教育是民族振兴、社会进步的基石，是提高国民素质、促进人的全面发展的根本途径。中国未来发展、中华民族伟大复兴，关键靠人才，根本在教育。"

从服务于国家自主创新能力提高的层面上，创新方法推广的目的在于给使用群体提供技术创新方法论层面的支撑。创新方法推广是一项以"人"为主体而展开的工作。这项工作不同于单纯地引进设备、盖厂房、上软件等工程，而是重点在于用科学的思维方法、创新理论武装技术人员，使该群体的创新能力得以增强。因此，创新方法推广的核心问题是创新人才培养问题。

济南大学在教育部高等理工教育教学改革与实践教学研究项目"地方大学工科应用型本科人才实践动手能力'和合'培养模式构建与实践"的教学研究工作中，将发明问题解决理论引入到机械设计课题体系中来，开展了以技术创新能力培养为目标的机械设计课程教学改革探索与实践活动。

以提升学生技术创新能力为目标，以 TRIZ 理论应用为主线，以机电系统设计为内容，初步构建包括 TRIZ 基础理论选修课、机械设计学专业课、机械原理专业课程、机械设计专业课程、专业课程设计和毕业设计、创新实验和创新计划等在内的课程体系。

课程体系的建立，丰富了学生知识获取的层面，在学习基础课、技术基础课、专业课的同时，加强以技术创新规律为主要内容的技术哲学的学习，重点学习TRIZ 理论。

济南大学除了完善与以上课内创新教育相配套的管理机制之外，还完善课外的学生创造力培养长效机制的建设，从制度建设、文化建设不同方面，重视外部环境对创新个体的积极引导，主要包括：开展科技创新活动、设置科技创新学分、交流科技创新经验、不定期举行 TRIZ 理论讲座等形式，激发学生的设计与创造欲望，使学生科技创新的参与率明显提升。2011 年，济南大学机械工程学院举办的专利大赛，学生提交了 300 多份专利申请，所有专利经过审核均进入专利事务所的代理申请环节。

12.2.3　以官产学研为纽带

企业实现技术创新的过程中充分利用高等院校和科研机构的智力资源，是社会发展的需要。

由于政府拥有资金和组织调控的能力优势，可以制订技术创新政策并维护创业环境，政府在产学研结合过程中发挥显著的引导作用，官产学研的结合方式被社会普遍认可。通常，官产学研合作是指政府、工商企业、高等院校和科研院所，依靠各自的优势，以促进社会进步和经济发展为目标，本着互惠互利、共同发展的原则，在人才培养、科技创新、制度创新、人才和科技成果转化为生产力等方面所进行的合作与交流。

官产学研结合涉及若干重要的社会主要群体，其本身就是一个连接创新方法若干工作环节的纽带。借助于这条纽带，创新方法工作可以直接渗透到人才培养、成果转化等方面。同时，创新方法工作也可以促进官产学研内部结合的部分问题的解决。创新方法工作与官产学研的相互促进表现在以下几个方面：

1）现实中，受社会经济发展水平的束缚，官产学研诸方合作往往会因为缺乏合作基础、缺乏合作需求、缺乏合作的组织协调而难以如愿。创新方法工作本身就是一项政府牵头、产学研各界广泛参与的工程，具有典型的官产学研结合的特征。由政府组织创新方法的普及工作，广泛征集企业内部存在的技术创新难题，挖掘产学研合作需求，将创新方法的学习与实际应用相结合，为产学研结合提供契机。

2）整合社会各界创新方法研究与应用的智慧团体，建立科技服务平台，加强创新方法推广基地建设，使其成为产学研结合的必要组成部分，促进科研成果转化，增强服务企业发展的能力。

3）对于产业共性关键技术，由政府牵头，引导产学研各界进行联合攻关，使其与创新方法的示范性应用工程相结合，实现双向促进。

4）产学研合作的教育职能应当引起社会的高度重视。通过产学研合作过程，给参与的个体，包括高校的学生或企业的工程人员，一个理论学习与实践锻炼相结合的平台，弥补传统教育模式的不足，培养创新型人才。

12.2.4 以理论培训为途径

由于 TRIZ 理论引入国内的时间不长，国内高等院校中开展以 TRIZ 理论为主要内容的创新方法课程较少，企业中掌握 TRIZ 方法的人才十分匮乏，因此，针对企业开展创新方法理论培训是开展创新方法工作的重要途径，是其他工作内容开展的前提。

为了实现创新方法在省内快速、有效地推广，理论培训的形式与模式应采取多种形式。

（1）**面向区域的宣讲**　为了给创新方法工作的深入开展创造良好的社会土壤，开展面向区域的创新方法宣讲、召开创新方法高层论坛等形式十分必要。山东省在 2010 年举办了创新方法高层论坛，极大地提高了省内产学研各界对此项工作的认知程度。

（2）**培养创新方法培训师资**　创新方法培训师资的培养是促进创新方法推广的关键因素。面向高校、研究所、企业，选拔并培养培训师资，加大创新方法普及力度。

（3）**展开面向企业的深入培训**　以服务企业技术创新为目标，将创新方法的培训与应用相结合。培训流程分三个阶段，即理论培训、创新方法应用项目跟踪、成果提炼并形成知识产权。三段式培训将创新方法培训与项目实践相结合，从认知心理学上讲，有利于体验性学习过程的完成。

12.2.5　以知识流动为目标

从某种意义上说，创新方法工作的开展应以促进知识流动为目标。

人才培养为技术创新过程提供高素质的参与个体，试点建设有利于带动某个组织或区域的创新行为，理论培训与官产学研有利于促进知识获取。除此之外，为了更好地促进技术创新过程中的知识流动过程，创新方法工作还应注意以下两个方面：

1. 创新型企业文化建设

改革开放以来，我国企业取得了长足的发展，无论是组织架构、硬件装备还是员工的知识水平都大有改观。

2. 知识工程的实施

知识工程指依托信息技术和知识管理技术，把知识作为一种智力资产来管理和利用，以促进技术创新和管理创新，进一步推动企业持续发展的全部活动。知识工程涉及知识的获取、处理、管理、存储、共享、应用、创新等环节。

知识工程的实施有利于企业内部智力资源的整合，通过加强对知识的管理，企业自主创新能力得到提升。但是对于知识获取环节中的隐形知识获取、知识处理，特别是运用知识进行创新的环节，需要方法论的支持。

TRIZ 理论是基于专利分析而发展起来的解决发明问题的系统方法。基于 TRIZ 的 CAI 软件平台具有良好的知识管理能力。如图 12-2 所示，将创新方法与 CAI 软件平台和企业内部的知识工程实施相结合，表达行业知识，将企业经验和领域的成功案例进行系统的整理，服务技术创新与管理创新的过程，对于深入开展创新方法工作是十分必要的。

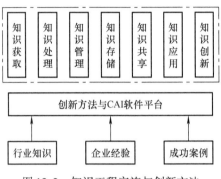

图 12-2　知识工程实施与创新方法

12.3　小结

1）创新方法工作是一项系统性工程，需要长期的实施。对于创新方法的推广，应综合考虑社会大系统中与之相关的因素，探索深入开展创新方法的途径。

2）在实践基础上，提出了以试点建设为支撑、以人才培养为核心、以官产学研为纽带、以理论培训为途径、以知识流动为目标的创新方法推广模式。

3）各个环节的工作开展还需继续实践，并不断总结、提炼与完善。

第13章

本科生创新能力的培养——发明问题解决理论与机械类

在国家竞争与行业竞争日益加剧的当今社会，如何培养大学生的创新精神和实践动手能力已成为一项迫在眉睫的任务。济南大学在教育部高等理工教育教学改革与实践教学研究项目"地方大学工科应用型本科人才实践动手能力'和合'培养模式构建与实践"的教学研究工作中，将发明问题解决理论引入到机械设计课题体系中来，开展了以技术创新能力培养为目标的机械设计课程教学改革探索与实践活动。

13.1　机械类本科生创新能力的内涵

在高等教育阶段培养学生的创新能力应重视学生知识的获取、创新思维的锻炼、人格的健全、创造动机的培养与校园环境的塑造等方面，是一项涉及多方面因素的系统工程。

本科生的创新能力培养必须落实到具体的形式上。过高地要求本科生进行学术前沿研究或过多地将创新教育停留在口头上，都不利于有效地开展创新教育。

从古代至今，发明创造对人类社会的进步起到了巨大的推动作用。因此，可以将发明创造能力作为反映机械类本科生创新能力的一种形式。而且，根据世界知识产权组织（WIPO）的统计，1995 年我国发明专利授权量是美国或日本的 1/30，远远少于西方发达国家。尽管近 10 年来，国家加大了推进科技创新的力度，但我国的科学技术创新能力与人们的期望仍有一定的距离，企业获得发明专利的数量仅占全世界专利总数的 0.2% ~ 0.3%。所以，将发明创造能力作为反映机械类本科生创新能力的主要形式，不仅体现了《高等教育法》精神，更把创新落到实处，而且具有重要的现实意义。

确立了这个目标后，如何形成一套系统的、可操作的教学改革实施方案，成为机械类本科生创新能力培养的关键。

13.2　机械设计教学现状分析

从广义上讲，发明创造过程就是一种产品的创新设计过程，是机械工程专业人才的主要专业技能之一，机械设计课程的学习是在校学生专业课程学习的主要方面。因此，机械设计课程体系的设置直接影响着学生创新设计能力的培养效果。

学生设计能力方面的培养主要通过机械原理、机械设计和各种专业课程及其相应的课程设计和毕业设计来实现。

但是大多数工科高等院校开设的设计课程几乎都是针对典型机构或零件的结构参数设计步骤的学习，课程设计或毕业设计内容相对固定，学生的精力主要集中在详细设计阶段的数值计算与结构设计过程中，对产品设计方案原理创新活动涉及较少。尽管上述内容也是学生将来从事技术工作的基础，但由于其涉及领域知识较窄，对技术创新实现规律涉及甚少，不利于大学生创造力和创新思维的培养。

创新设计能力培养的根本目的是增强设计人员在产品设计过程中的创造力及解决问题的能力。因此，机械设计课程体系的设置应针对产品设计的全过程。产品设计的基本过程从产品设计需求开始，经过概念设计与详细设计阶段，最终形成图样或数据文件。产品的概念设计阶段具有很大的创新空间，产品质量的70%均由此阶段决定，创新能力的培养必须重视概念设计能力的提高。但是目前各工科院校的机械设计课程的内容设置主要集中在产品设计过程的下游，如图13-1所示。缺乏一般性技术哲学的学习，缺少对技术创新规律的掌握与产品原理创新的实践锻炼，是造成学生创新能力低下的重要原因。

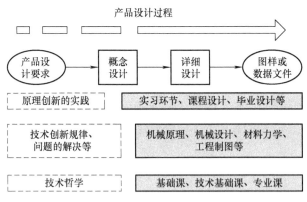

图 13-1　产品设计过程模型与机械设计能力培养课程设置

13.3　创新方法的选择

发明创造能力是本科生创新精神和实践能力的良好体现。如上所述，目前的工科院校在学生的设计能力培养内容上，无论是设计知识，还是设计工具的运用，主要集中在产品的详细设计阶段。而目前大学生在既定的方案下从事参数计算和产品建模的能力并不算差。创新能力相对薄弱的环节是创新设计的产生。

发明问题解决理论是基于知识的、面向人的发明问题系统化解决方法学，且适用于各行业。经过近60年的发展，TRIZ理论在苏联、日本及欧美各国广泛应用。

TRIZ 理论中解决问题工具可以分成两组：

（1）**分析工具**　分析工具帮助工程人员定义与描述问题，辅助问题的分析过程，它包括 ARIZ、物质–场分析法、理想解等。

（2）**知识库工具**　其来源于关于人类创新经验知识的积累与整理，为使用者提供了最高水平的问题解决方法，它包括产品的技术进化模式、40 条发明原理、分离原理、76 个标准解、经挑选的创新实例、效应等。

基于 TRIZ 的创新设计过程如图 13-2 所示。

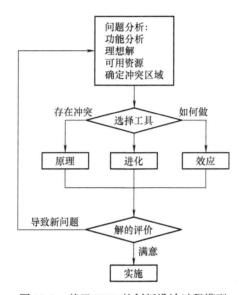

图 13-2　基于 TRIZ 的创新设计过程模型

由于 TRIZ 理论有良好的可操作性，选择该理论作为培养本科生创新思维的方法。

13.4　TRIZ 理论教学实践

以教育部教改项目"地方大学工科应用型本科人才实践动手能力'和合'培养模式构建与实践"为依托，济南大学机械工程学院开展了 TRIZ 理论的教学实践，开展了以技术创新能力培养为目标的机械设计课程教学改革探索与实践活动。

我们开设了 24 个学时的"TRIZ 创新理论"选修课，共有 71 名学生参加了该课程的学习。为了更好地掌握学生的学习效果，我们针对参与该课程学习的学生开展了多次无记名问卷调查。

13.4.1 树立科学的创新观念与创新意识，开展创造性教育活动

创造动机是学生们进行发明创造的第一步。面对现实中的实际问题，能否培养积极的心态去迎接挑战是塑造学生创新精神的关键。

调查结果显示，参加学习之前绝大多数学生在面对技术难题时心态不够积极，有47.27%的学生认为自己在潜意识里是消极地回避冲突的，如图13-3所示。在这种潜意识的支配下，大多数学生是不会积极地参加各种创新活动的。因此，培养学生健康、积极的创造意识已成为创新能力培养的关键。

图13-3　TRIZ理论学习前学生对待技术难题的态度调查

在"TRIZ创新理论"课程的开展过程中，以辩证唯物主义的科学世界观为基础，树立科学的创新观念与创新意识，深刻认识创新活动的本质规律，增强创新意识与对创新实践活动的主动性，培养学生的创造动机。

从一定程度上说，TRIZ理论是辩证唯物主义在创新设计领域取得的重大胜利。TRIZ理论认为，技术系统中存在的冲突（矛盾）的解决是促使技术系统进化发展的根本动力。在学生中广泛开展科学的创新教育，有利于帮助学生树立科学的创新意识，正确对待技术系统中存在的冲突，将冲突的存在作为创新活动的切入点，促使学生更新创新观念，以积极的心态面对技术问题，培养学生主动发现问题的能力。

如图13-4所示，通过对TRIZ理论的学习，有近97%的学生认为技术系统中

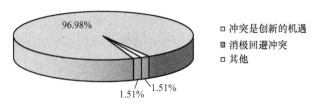

图13-4　TRIZ理论学习后学生对技术系统中冲突的态度调查

存在的冲突是创新的机遇。由此可见，以 TRIZ 理论为主要内容开展创造性教育活动，对于树立科学的创新观念与创新意识有极大的促进作用。

13.4.2 探讨 TRIZ 理论的教学规律，建立面向技术创新的课程体系

TRIZ 理论必须通过教学环节转化为学生容易把握的知识，因此探讨 TRIZ 理论的教学规律，建立面向技术创新的课程体系十分重要。

在 TRIZ 理论的指导下，强化学生对实现技术创新的兴趣与信心，积极引导学生对各门专业课程的学习，在此基础上重视跨专业课程的学习，改善学生的知识结构。通过 TRIZ 理论的学习，树立以技术创新为首要目标的学习模式，在不同课程的学习过程中，积极思考与应用所学内容，而不是以"中性"的观点去学习知识，不应该仅仅用学习的知识去解释和分析客观现象，而是积极地运用所学的知识揭示的原理进行发明创造。

在 CAI 工具的使用及 TRIZ 理论教学方面，济南大学机械工程学院引进亿维讯集团的计算机辅助创新软件 Pro/Innovator 与 CBT/NOVA。以创新设计实验室为平台，向学生开放，为学生在课堂内外进行技术创新活动或 TRIZ 理论的学习，提供了良好的软件环境。

在参加 TRIZ 理论学习前，70% 的学生对自己的创新能力的评价是"一般"，如图 13-5 所示。在参加完 2007—2008 学年第 2 学期的"TRIZ 创新理论"选修课后，60% 以上的同学认为自己的创新能力有了较大的提高，如图 13-6 所示。

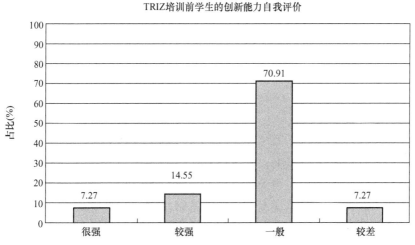

TRIZ培训前学生的创新能力自我评价

图 13-5　TRIZ 理论学习前学生的创新能力自我评价

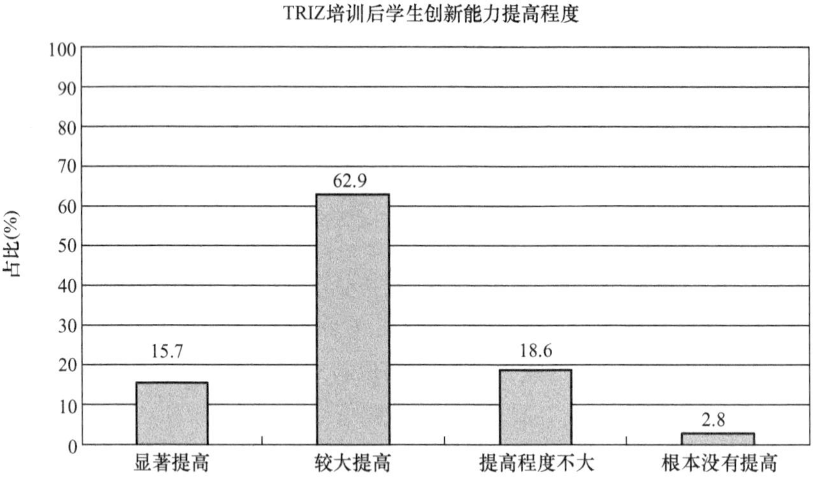

TRIZ培训后学生创新能力提高程度

图 13-6　TRIZ 理论学习后学生创新能力提高程度自我评价

13.4.3　研究创新思维与创新能力的关系，基于 TRIZ 理论强化实践教学环节

　　创新思维的培养是提高创新能力的前提，但是思维能力并不能直接转化为技术创新能力。要实现创新思维与创新能力的转化，还必须加强实践教学环节。

　　在实验教学中，应采取以下措施：改革实验教学方法，融入 TRIZ 创新方法，对于同一个实验目标，鼓励学生自行设计实验方案，培养学生积极思考的习惯；加大实验室对学生的开放力度，在课程设置范围之外，支持学生根据自己学习及科研任务的需要，自主提出实验目标，构思实验方案，增强其探索未知领域的能力。

　　在相应专业课程设计中应采取以下措施：删减机械设计课程设计所进行过的结构化设计内容和要求，以机械设计学课程中的功能原理设计为目标安排课程设计内容，突出 TRIZ 创新方法的运用。要求学生：不必设计出结构和尺寸，但要画出功能原理图；不必进行强度、刚度计算，但要写出构思的源头和过程；评价的指标不是结构上的可靠和实用经济，而是原理上的新颖和有解可行。这样做，可使学生拥有一个专门针对原理方案创新的实践平台，提高学生的方案构思与创新设计的能力。

13.4.4　完善创新管理机制，培育创新教育的良好环境

除了完善与以上课内创新教育相配套的管理机制之外，还要完善课外的学生创造力培养长效机制的建设，从制度建设、文化建设不同方面，重视外部环境对创新个体的积极引导。具体做法如下：

1）开展科技创新活动。在学院的指导下，充分利用机械学院各学科的教学与实验资源，每年定期开展"科技创新月"或"科技创新周"活动以及创新设计竞赛，为学生的创新实践提供广阔的空间。同时，在科技创新活动中，注重培养学生的协作意识与团队精神，为以后胜任本职工作打下基础。

2）设置科技创新学分。要求学生必须完成一定数量的科技创新学分，根据学生参加科技创新活动的性质及科技创新的成果，为学生的科技创新实践打分。同时，学院制定相应的政策，鼓励学生进行发明创造，积极引导学生申报并获得专利。

3）交流科技创新经验。不定期举行 TRIZ 理论讲座及应用经验交流，促进创新教育良好环境的培育，激发学生的设计与创造欲望，使学生科技创新的参与率明显提升。

13.5　小结

1）学生创新能力的培养是现代教育界永恒的主题，也是一项非常复杂的系统工程，需要社会各界持之以恒的努力。

2）国内对 TRIZ 理论的研究与应用时间不长，尤其是将其引入到本科生教育的环节中来更需要业内人士的积极探索与不懈努力。

3）TRIZ 理论提供了一套有效的创新方法与问题解决工具，但也不能忽视人文修养对学生技术创新能力的支持与指导作用，要帮助学生树立为人类的正义事业而奋斗的理想，引导他们积极地为社会经济的发展做贡献。

附 录

附表1　常用科学效应和现象列表

科学效应和现象序号	效应名称
E1	X 射线（X-Rays）
E2	安培力（Ampere's force）
E3	巴克豪森效应（Barkhausen effect）
E4	包辛格效应（Bauschinger effect）
E5	爆炸（explosion）
E6	标记物（markers）
E7	表面（surface）
E8	表面粗糙度（surface roughness）
E9	波的干涉（wave interference）
E10	伯努利定律（Bernoulli's Law）
E11	超导热开关（superconducting heat switch）
E12	超导性（conductivity）
E13	磁场（magnetic field）
E14	磁弹性（magnetostriction）
E15	磁力（magnetic force）
E16	磁性材料（magnetic materials）
E17	磁性液体（magnetic liquid）
E18	单相系统分离（separation of monophase systems）
E19	弹性波（elastic waves）
E20	弹性形变（elastic deformation）
E21	低摩阻（low friction）
E22	电场（electric field）
E23	电磁场（electromagnetic field）
E24	电磁感应（electromagnetic induction）
E25	电弧（electric arc）
E26	电介质（dielectric）
E27	古登波尔和 Dashen 效应（Gudden-Pohl and Dashen effects）
E28	电离（ionization）
E29	电液冲击（electrohydraulic shock）
E30	电泳（electro phoresis）现象
E31	电晕放电（corona discharge）
E32	电力（electrical force）
E33	电阻（electrical resistance）
E34	对流（convection）

（续）

科学效应和现象序号	效应名称
E35	多相系统分离（separation of polyphase systems）
E36	二级相变（phase transition-type II）
E37	发光（luminescence）
E38	发光体（luminophores）
E39	发射聚焦（radiation focusing）
E40	法拉第效应（Faraday effect）
E41	反射（reflection）
E42	放电（discharge）
E43	放射（radioactivity）现象
E44	浮力（buoyancy）
E45	感光材料（photosensitive material）
E46	耿氏效应（Gunn effect）
E47	共振（resonance）
E48	固体（的场致、电致）发光（electroluminescence of solids）
E49	惯性力（inertial force）
E50	光谱（spectrum）
E51	光伏效应（photovoltaic effect）
E52	混合物分离（separation of mixtures）
E53	火花放电（spark discharge）
E54	霍尔效应（Hall effect）
E55	霍普金森效应（Hopkinson effect）
E56	加热（heating）
E57	焦耳-楞次定律（Joule-Lenz Law）
E58	焦耳-汤姆孙效应（Joule-Thomson effect）
E59	金属覆层润滑剂（metal-cladding lubricants）
E60	居里效应（Curie effect）
E61	克尔效应（Kerr effect）
E62	扩散（diffusion）
E63	冷却（cooling）
E64	洛伦兹力（Lorentz force）
E65	毛细现象（capillary phenomena）
E66	摩擦力（friction）
E67	佩尔捷效应（Peltier effect）
E68	起电（electrification）
E69	气穴（cavitation）现象

（续）

科学效应和现象序号	效应名称
E70	热传导（thermal conduction）
E71	热电现象（thermoelectric phenomena）
E72	热电发射（thermoelectric emission）
E73	热辐射（heat radiation）
E74	热敏性物质（heat-sensitive substances）
E75	热膨胀（thermal expansion）
E76	热双金属片（thermo bimetals）
E77	渗透（osmosis）
E78	塑性变形（plastic deformation）
E79	Thoms 效应（Thoms effect）
E80	汤姆孙效应（Thomson effect）
E81	魏森贝格效应（Weissenberg effect）
E82	位移（displacement）
E83	吸附（sorption）作用
E84	吸收（absorption）
E85	形变（deformation）
E86	形状（shape）
E87	形状记忆（shape memory）合金
E88	压磁效应（piezomagnetic effect）
E89	压电效应（piezoelectric effect）
E90	压强（pressure）
E91	液/气体的压力（pressure force of liquid/ gas）
E92	液体动力（hydrodynamic force）
E93	液体或气体压强（liquid or gas pressure）
E94	一级相变（phase transition-type I）
E95	永久磁铁（permanent magnets）
E96	约翰逊-拉别克效应（Johnson-Rahbec effect）
E97	折射（refraction）
E98	振动（vibration）
E99	驻波（standing waves）
E100	驻极体（electrets）

TRIZ：产品创新设计

改善的通用工程参数 \ 恶化的工程参数	1 运动物体的质量	2 静止物体的质量	3 运动物体的长度	4 静止物体的长度	5 运动物体的面积	6 静止物体的面积	7 运动物体的体积	8 静止物体的体积	9 速度	10 力	11 应力或压力	12 形状	13 结构的稳定性	14 强度	15 运动物体作用时间	16 静止物体作用时间	17 温度	18 光照度	19 运动物体的能量	20 静止物体的能量
1 运动物体的质量		—	15,8,29,34	—	29,17,38,34	—	29,2,40,28	—	2,8,15,38	8,10,18,37	10,36,37,40	10,14,35,40	1,35,19,39	28,27,18,40	5,34,31,35	—	6,29,4,38	19,1,32	35,12,34,31	—
2 静止物体的质量	—		—	10,1,29,35	—	35,30,13,2	—	5,35,14,2	—	8,10,19,35	13,29,10,18	13,10,29,14	26,39,1,40	28,2,10,27	—	2,27,19,6	28,19,32,22	19,32,35	—	18,19,28,1
3 运动物体的长度	8,15,29,34	—		—	15,17,4	—	7,17,4,35	—	13,4,8	17,10,4	1,8,35	1,8,10,29	1,8,15,34	8,35,29,34	19	—	10,15,19	32	8,35,24	—
4 静止物体的长度	—	35,28,40,29	—		—	17,7,10,40	—	35,8,2,14	—	28,10	1,14,35	13,14,15,7	39,37,35	15,14,28,26	—	1,40,35	3,35,38,18	3,25	—	
5 运动物体的面积	2,17,29,4	—	14,15,18,4	—		—	7,14,17,4	—	29,30,4,34	19,30,35,2	10,15,36,28	5,34,29,4	11,2,13,39	3,15,40,14	6,3	—	2,15,16	15,32,19,13	19,32	
6 静止物体的面积	—	30,2,14,18	—	26,7,9,39	—		—	—	—	1,18,35,36	10,15,36,37	—	2,38	40	—	2,10,19,30	35,39,38	—	—	
7 运动物体的体积	2,26,29,40	—	1,7,4,35	—	1,7,4,17	—		—	29,4,38,34	15,35,36,37	6,35,36,37	1,15,29,4	28,10,1,39	9,14,15,7	6,35,4	—	34,39,10,18	2,13,10	35	
8 静止物体的体积	—	35,10,19,14	19,14	35,8,2,14	—	—	—		—	2,18,37	24,35	7,2,35	34,28,35,40	9,14,17,15	—	35,34,38	35,6,4	—	—	
9 速度	2,28,13,38	—	13,14,8	—	29,30,34	—	7,29,34	—		13,28,15,19	6,18,38,40	35,15,18,34	28,33,1,18	8,3,26,14	3,19,35,5	—	28,30,36,2	10,13,19	8,15,35,38	
10 力	8,1,37,18	18,13,1,28	17,19,9,36	28,10	19,10,15	1,18,36,37	15,9,12,37	2,36,18,37	13,28,15,12		18,21,11	10,35,40,34	35,10,21	35,10,14,27	19,2	—	35,10,21	—	19,17,10	1,16,36,37
11 应力或压力	10,36,37,40	13,29,10,18	35,10,36	35,1,14,16	10,15,36,28	10,15,36,37	6,35,10	35,24	6,35,36	36,35,21		35,4,15,10	35,33,2,40	9,18,3,40	19,3,27	—	35,39,19,2	—	14,24,10,37	
12 形状	8,10,29,40	15,10,26,3	29,34,5,4	13,14,10,7	5,34,4,10	—	14,4,15,22	7,2,35	35,15,34,18	35,10,37,40	34,15,10,14		33,1,18,4	30,14,10,40	14,26,9,25	—	22,14,19,32	13,15,32	2,6,34,14	
13 结构的稳定性	21,35,2,39	26,39,1,40	13,15,1,28	37	2,11,13	39	28,10,19,39	34,28,35,40	33,15,28,18	10,35,21,16	2,35,40	22,1,18,4		17,9,15	13,27,10,35	39,3,35,23	35,1,32	32,3,27,15	13,19	27,4,29,18
14 强度	1,8,40,15	40,26,27,1	1,15,8,35	15,14,28,26	3,34,40,29	9,40,28	10,15,14,7	9,14,17,15	8,13,26,14	10,18,3,14	10,3,18,40	10,30,35,40	13,17,35		27,3,26	—	30,10,40	35,19	19,35,10	35
15 运动物体作用时间	19,5,34,31	—	2,19,9	—	3,17,19	—	10,2,19,30	—	3,35,5	19,2,16	19,3,27	14,26,28,25	13,3,35	27,3,26		—	19,35,39	2,19,6	28,6,35,18	
16 静止物体作用时间	—	6,27,19,16	—	1,40,35	—	—	—	35,34,38	—	—	—	—	39,3,35,23	—	—		19,18,36,40	—	—	
17 温度	36,22,6,38	22,35,32	15,19,9	15,19,9	3,35,39,18	35,38	34,39,40,18	35,6,4	2,28,36,30	35,10,3,21	35,39,19,2	14,22,19,32	1,35,32	10,30,22,40	19,13,39	19,18,36,40		32,30,21,16	19,15,3,17	
18 光照度	19,1,32	2,35,32	19,32,16	—	19,32,26	—	2,13,10	—	10,13,19	26,19,6	—	32,30	32,3,27	35,19	2,19,6	—	32,35,19		32,1,19	32,35,1,15
19 运动物体的能量	12,18,28,31	—	12,28	—	15,19,25	—	35,13,18	—	8,35,24	16,26,21,2	23,14,25	12,2,29	19,13,17,24	5,19,9,35	28,35,6,18	—	19,24,3,14	2,15,19		
20 静止物体的能量	—	19,9,6,27	—	—	—	—	—	—	—	36,37	—	—	27,4,29,18	35	—	—	—	19,2,35,32	—	
21 功率	8,36,38,31	19,26,17,27	1,10,35,37	—	19,38	17,32,13,38	35,6,38	30,6,25	15,35,2	26,2,36,35	22,10,35	29,14,2,40	35,32,15,31	26,10,28	19,35,10,38	16	2,14,17,25	16,6,19	16,6,19,37	
22 能量损失	15,6,19,28	19,6,18,9	7,2,6,13	6,38,7	15,26,17,30	17,7,30,18	7,18,23	7	16,35,38	36,38		14,2,39,6	26		19,38,7	1,13,32,15				
23 物质损失	35,6,23,40	35,6,22,32	14,29,10,39	10,28,24	35,2,10,31	10,18,39,31	1,29,30,36	3,39,18,31	10,13,28,38	14,15,18,40	3,36,37,10	29,35,3,5	2,14,30,40	35,28,31,40	28,27,3,18	27,16,18,38	21,36,39,31	1,6,13	35,18,24,5	28,27,12,31
24 信息损失	10,24,35	10,35,5	1,26	26	30,26	30,16	—	2,22	26,32	—	—	—	—	—	10	—	—	10	19	
25 时间损失	10,20,37,35	10,20,26,5	15,2,29	30,24,14,5	26,4,5,16	10,35,17,4	2,5,34,10	35,16,32,18	—	10,37,36,5	37,36,4	4,10,34,17	35,3,22,5	29,3,28,18	20,10,28,18	28,20,10,16	35,29,21,18	1,19,26,17	35,38,19,18	1
26 物质或事物的数量	35,6,18,31	27,26,18,35	29,14,35,18	—	15,14,29	2,18,40,4	15,20,29	—	35,29,34,28	35,14,3	10,36,14,3	35,14	15,2,17,40	14,35,34,10	3,35,10,40	3,35,31	3,17,39	—	34,29,16,18	3,35,31
27 可靠性	3,8,10,40	3,10,8,28	15,9,14,4	15,29,28,11	17,10,14,16	32,35,40,4	3,10,14,24	2,35,24	21,35,11,28	8,28,10,3	10,24,35,19	35,1,16,11	11,28	2,35,3,25	34,27,6,40	3,35,10	11,32,13	21,11,27,19	36,23	
28 测试精度	32,35,26,28	28,35,25,26	28,26,5,16	32,28,3,16	26,28,32,3	26,28,32,3	32,13,6	—	28,13,32,24	32,2	6,28,32	6,28,32	32,35,13	28,6,32	28,6,32	10,26,24	6,19,28,24	6,1,32	3,6,32	
29 制造精度	28,32,13,18	28,35,27,9	10,28,29,37	2,32,10	28,33,29,32	2,29,18,36	32,23,2	25,10,35	10,28,32	28,19,34,36	3,35	32,30,40	30,18	3,27		3,27	19,26	3,32	32,2	
30 物体外部有害因素作用的敏感性	22,21,27,39	2,22,13,24	17,1,39,4	1,18	22,1,33,28	27,2,39,35	22,23,37,35	34,39,19,27	21,22,35,28	13,35,39,18	22,2,37	22,1,3,35	35,24,30,18	18,35,37,1	22,15,33,28	17,1,40,33	22,33,35,2	1,19,32,13	1,24,6,27	10,2,22,37
31 物体产生的有害因素	19,22,15,39	35,22,1,39	17,15,16,22	—	17,2,18,39	22,1,40	17,2,40,1	30,18,35,4	35,28,3,23	35,28,1,40	2,33,27,18	35,1	35,40,27,39	15,35,22,2	15,22,33,31	21,39,16,22	22,35,2,24	19,24,39,32	2,35,6	19,22,18
32 可制造性	28,29,15,16	1,27,36,13	1,29,13,17	15,17,27	13,1,26,12	16,40	13,29,1,40	35	35,13,8,1	35,12	35,19,1,37	1,28,13,27	11,13,1	1,3,10,32	27,1,4	35,16	27,26,18	28,24,27,1	28,26,27,1	1,4
33 可操作性	25,2,35,11	6,13,1,25	1,17,13,12	—	1,17,13,16	18,16,15,39	1,16,35,15	4,18,39,31	18,13,34,30	28,13,35	2,32,12	15,34,29,28	32,35,30	32,40,3,28	29,3,8,25	1,16,25	26,27,13	13,17,1,24	1,13,24	—
34 可维修性	2,27,35,11	2,27,35,11	1,28,10,25	3,18,31	15,13,32	16,25	25,2,35,11	1	34,9	1,11,10	13	1,13,2,4	2,35	11,1,2,9	11,29,28,27	1	4,10	15,1,13	15,1,28	
35 适用性及多用性	1,6,15,8	19,15,29,16	35,1,29,2	1,35,16	35,30,29,7	15,16	15,35,29	—	35,10,14	15,17,20	35,16	15,37,1,8	35,30,14	35,3,32,6	13,1,35	2,16	27,2,3,35	6,22,26,1	19,35,29,13	
36 装置的复杂性	26,30,34,36	2,26,35,39	1,19,26,24	26	14,1,13,16	6,36	34,26,6	1,16	34,10,28	26,16	19,1,35	29,13,28,15	2,22,17,19	2,13,28	10,4,28,15		2,17,13	24,17,13	27,2,29,28	
37 监控与测试的困难程度	27,26,28,13	6,13,28,1	16,17,26,24	26	2,13,18,17	2,39,30,16	29,1,4,16	2,18,26,31	3,4,16,35	36,28,40,19	35,36,37,32	27,13,1,39	11,22,39,30	27,3,15,28	19,29,39,25	25,34,6,35	3,27,35,16	2,24,26	35,38	19,35,16
38 自动化程度	28,26,18,35	28,26,35,10	14,13,17,28	23	17,14,13	—	35,13,16	—	28,10	2,35	13,35	15,32,1,13	18,1	25,13	6,9	—	26,2,19	8,32,19	2,32,13	
39 生产率	35,26,24,37	28,27,15,3	18,4,28,38	30,7,14,26	10,26,34,31	10,35,17,7	2,6,34,10	35,37,10,2	—	28,15,10,36	10,37,14	14,10,34,40	35,3,22,39	29,28,10,18	35,10,2,18	20,10,16,38	35,21,28,10	26,17,19,1	35,10,38,19	1

阿奇舒勒矩阵

21	22	23	24	25	26	27	28	29	30	31	32	33	34	35	36	37	38	39	发明原理
功率	能量损失	物质损失	信息损失	时间损失	物质或事物的数量	可靠性	测试精度	制造精度	物质外部有害因素作用的敏感性	物体产生的有害因素	可制造性	可操作性	可维修性	适用性及多用性	装置的复杂性	监控与测试的困难程度	自动化程度	生产率	
12,36 18,31	6,2, 34,19	5,35, 3,31	10,24 35	10,35 20,28	3,26 18,31	3,11, 1,27	28,27, 35,26	28,35 26,18	22,21 18,27	22,35 31,39	27,28 1,36	35,3, 2,24	2,27 28,11	29,5, 15,8	26,30 36,34	28,29 26,32	26,35 18,19	35,3, 24,37	分割
15,19 18,22	18,19 28,15	5,8, 13,30	10,15 35	10,20, 35,26	19,6, 18,26	10,28 8,3	18,26	10,1, 35,17	2,19, 22	35,22 1,39	28,1, 9	6,13, 1,32	2,27, 3,10	19,15 29,16	1,10, 26,39	25,28 17,15	2,26, 35	1,28, 15,35	分离
1,35	7,2, 35,39	4,29, 23,10	1,24	15,2, 29	29,35	10,14 29,40	28,32 4	10,28, 29,37	1,15, 17,24	17,15	1,29 17	15,29, 35,4	1,28, 10	14,15 1,16	1,19, 26,24	35,1, 26,24	17,24 26,16	14,4, 28,29	局部质量
12,8	6,28	10,28 24,35	24,26	30,29 14		15,29 28	2,32 3	2,32, 10	1,18		15,17 27	2,25	3	1,35	1,26	26		30,14, 7,26	不对称性
19,10 32,18	15,17 30,26	10,35 2,39	30,26	26,4	29,30 6,13	29,9	26,28 32,3	2,32	22,33 28,1	27,1 18,39	15,37 26,24	13,16 10,1	15,13 10,1		15,30	14,1 13	2,36 26,18	14,30 28,23 34,2	合并
17,32	17,7 30	7,10 18,39	30,16	10,35 4,18	2,18 40,4	32,35 40,4	26,28 32,3	2,29 18,36	27,2 39,35	22,1 40	40,16	16,4	16	15,16	1,18 36	15,35 30,18	23	10,15 17,7	多用性
35,6 13,18	7,15, 13,16	36,39 34,10	2,22	2,6, 34,10	29,30 7	1,40 11	26,28	25,28 2,16	17,2 18,39	22,1 40,1	10	15,13 30,12	10	15,29	26,1	29,26 28,18	35,34 16,24	10,6 2,34	套装
30,6	—	10,39 35,34	13,26		35,16	35,3	2,35 16		35,10 25	34,39 19,27	30,18 35,4	35	—	1	—	1,31	2,17 26	—	35,37 10,2	质量补偿
19,35 38,2	14,20 19,35	10,13 28,38	13,26		10,19 29,38	11,35 27,28	28,32 2,24	10,28 32,25	2,35 28,25	5,13 21,22	32,28 13,12	34,2 28,27	15,10 28,6	10,28 28,2	3,34 27,16	10,18	预加反作用		预加反作用
19,35 18,37	14,15	8,35 40,5		10,37 36	14,29 18,36	3,35 13,21	35,10 23,24	35,10 18,5	1,35 16,24	35,13 16,24	15,37 1,8	1,28 11	15,1, 11	15,17 20,18	26,35 36,37	36,37	2,35	3,28, 35,37	预操作
10,35 14	2,36 25	10,36 3,37		37,36 4	10,14 18,36	10,13 19,35	6,28 25	3,35	22,2 37	2,33 27,18	1,35 16	11	11	35	19,1 35	2,36 37	35,24	10,14 35,37	预补偿
4,6, 2	14	35,29 3,5		14,10 34,17	36,22	10,40 16	28,32 1	32,30 40	22,1 2,35	35,1	1,32 17,28	32,15 26	2,13 1	1,15 29	15,1 28	15,10 37,28	15,1 24	34,10	等势性
32,35 27,31	14,2 39,6	2,14 30,40	35,27	15,32 35		13	18	35,30 18,40	30,18 27,39	35,19	32,35 30	2,35 10,16	35,30 34,2	2,35 22,26	35,22 39,23	1,8 35	23,35 40,3	反向
10,26 35,28	35	35,28 31,40		29,3 28,10	28,10	11,3	3,27 16	3,27	3,27 37,1	22,15 33,28	21,36 39,31	32,40 28,2	27,3 15,40		22,35 15,40	15	35,30 10,14	曲面化
19,10 35,38	—	28,27 3,18	10	20,10 28,18	20,10 16,38	35,11 22,31	11,2 13	3	3,27 16,40	21,35 11,28	21,39 16,22	27,1 12,27	29,10 27	1,35 13	10,4 29,15	19,29 39,35	6,10	3,28, 35,37	动态化
16	—	27,16 18,38	10	28,20 10,16	3,35 10,6	34,27 6,40	10,26 24		17,1 40,33	22	35,10	1	1		25,34 6,35	1	20,10 16,38	未达到或超过的作用
2,14 17,25	21,17 35,38	21,36 29,31		35,28 21,18	3,17 30,39	19,35 3,10	32,19 24	24	22,33 35,2	22,35 13,24	26,27	26,27	4,10 16	2,18 27	2,17 16	3,27 35,31	15,28 35	维数变化
32	13,16 1,6	13,1	1,6	19,1 26,17	1,19	—	11,15 32	3,32	15,19	35,19 32,39	19,35 28,26	28,26 19	15,17 18	15,1 16	6,32 13	32,15	2,26 10	2,25 16	振动
6,19 37,18	12,22 15,24	35,24 18,5		35,38 19,18	34,23 16,18	19,21 11,27	3,1, 32		1,35 6,27	2,35 6	28,26 30	19,35	1,15 17,24	15,17 13,16	2,29 27,28	35,38	32,2	12,28 35	周期性作用
		28,27 18,31		3,35 31	10,36 23				10,2 22,37	19,22 18	1,4			3,5 21		19,35 16,25		1,6	有效作用的连续性
	10,35 38	28,27 18,38	10,19	35,20 10,6	3,35 10	34,10 28	35,28 31,40	28,10 29,35		2,35 18	35,10 18	35,10 34		3,2, 15,40		17,28		35,28 3,4	紧急行动
3,38	35,27 2,37	19,10	10,18 32,7	7,18 25	11,10 1	32		21,22 35,2	21,35 2,22	—	35,32 1	2,19		7,23		2	28	10,18 29,35	变有害为有益
28,27 18,38	35,27 2,31	—	15,18 35,10	5,12 35,26	10,24 35,19	35,1 16,11	35,3 15,19		22,10 2	10,21 22	32	27,22				35,33	35	13,23 15	反馈
10,19 10,6	19,10			24,26 28,32	24,28 32	10,28 23			22,10 1	10,21 29	32	27,22			35,33	35	13,23 15	中介物
35,20 10,6	10,5 18,32	35,18 10,39	24,26 28,32		35,38 18,16	10,30 4	24,34 28,32	24,26 28,18	35,18 34	35,22 18,39	35,28 1,9	4,28 10,34	32,1 24	35,28	6,29	18,28 32,10	24,28 35,30	自服务
35	7,18 25	6,3, 10,24	24,28 35	35,38 18,16		18,3 28,40	3,2, 28	33,30	35,33 29,31	3,35 40,39	29,1 35,27	2,32 10	15,3 32	3,13 27,10	3,27 29,18	8,35	13,29 3,27	复制
21,11 26,31	10,11 35	10,35 29,39	10,28	10,30 4	21,28 40,3		32,3 11,23	11,32 1	27,35 2,40	35,2 40,26		27,17 40	1,11	13,35 8,24	13,35 1	27,40 28	11,13 27	1,35 29,38	低成本、不耐用的物体代替昂贵、耐用的物体
3,6, 32	26,32 27	10,16 31,28		24,34 28,32	24,26 32	5,11 1,23		28,24 22,26	3,33 39,10	6,35 25,18	1,13 17,34	1,32 13,11		13,35 2	1,32 10,34	25,10	26,2 18	气动与液压结构
32,2	13,32 2	35,31 10,24		32,26 28,18	32,30	11,32 1		26,28 10,36	4,17 34,26		35,23		26,2 18		35,10 18,5		28,15 10,36		柔性壳体或薄膜
19,22 31,2	21,22 35,2	33,22 19,40	22,10 2		35,18 34	35,33 29,31	3,35 40,39	29,1 35,27	23,35 40,3	35,10 23	35,10 18	22,31	21,39 16,22	29,40	33,33 2,31	33,3, 22,1	13,24	柔性壳体或薄膜
2,35 18	21,35 2,22	10,1 34	1,22	3,24 39,1	24,17 13	27,3 26	18,35 37,1		22,2 37		19,1 31	2,21 27,1		22,35 18,39	多孔结构
27,1 12,24	19,35	33	18,16	35,23 1,24		1,35 12,18		24,2		2,5, 13,16	35,1 11,9	2,13 15	27,26 1	6,28 11,1	8,28 1	35,1	改变颜色
35,34 2,10	2,19 13	28,32 2,24	4,10 27,22	4,28 10,34	12,35	17,27 8,40	25,13 2,34	1,32 35,23	2,25	2,5, 12		12,26 1,32	15,34 1,16	32,26 12,17		1,34 12,3	15,1, 24	同质性
15,10 32,2	15,1, 32,19	2,35 34,27		32,1 10,25	2,28 10,25	11,10 1,16	10,2 13	25,10	35,10 2	35,11 10,1	1,35 11,10	1,12 26,15		7,1, 4,16	35,1 13,11		34,35 7,13	1,32 10	抛弃与修复
19,1 29	18,15 1	15,10 2		35,28	3,35 15	35,13 8,24	35,5 1,10		35,11 32,31		1,13 31	15,34 1,16	1,16 7,4		15,29 37,28	1	27,34 35	35,28 6,37	参数变化
20,19 30,34	10,35 13,2	35,10 28,29		6,29	13,3 27,10	13,35 1	2,26 18	26,24 32	22,19 29,40	19,1	27,26 1,13	27,9 26,24	1,13	29,15 28,37		15,10 37,28	15,1 24	12,17 28	状态变化
19,1 16,10	10,35 15	3,1, 18,10	35,38 24	35,33 22,27	13,23 26	19,18 28,8	28,32 2		22,19 29,28	2,21	5,28 11,29	2,5	12,26	1,15	35,37 28		34,21	35,18	热膨胀
28,2 27	23,28	35,10 18,5	35,33	24,28 35,30	35,13	11,27 32	28,26 10,34	18,23	2,33	2	1,26 32,1	13,1 34,3	1,35 13	27,4 1,35		15,24 25	5,12 35,26	加速强氧化
35,20 10	28,10 29,35	28,10 18,5	13,15		35,38	1,35 13	10,1 34,28	18,10 32,1	22,35 13,24	35,22 18,39	35,28 2,24	1,28 2	1,32 35,23	1,35	12,17 28,24	35,18 5,12	5,12 35,26	惰性环境
																			复合材料

参 考 文 献

[1] 国家创新体系建设战略研究组. 2008 国家创新体系发展报告: 国家创新体系研究 [M]. 北京: 知识产权出版社, 2008.

[2] 姚树洁, 韩川. 从技术创新视角看中国如何跨越"中等收入陷阱" [J]. 西安交通大学学报 (社会科学版), 2015, 35(5): 1-6.

[3] 刘伟. 如何跨越中等收入陷阱——"十三五"中国经济发展前瞻 [J]. 开发性金融研究, 2016(1): 9-22.

[4] 檀润华, 曹国忠, 陈子顺. 面向制造业的创新设计案例 [M]. 北京: 中国科学技术出版社, 2009.

[5] 葛新权, 李静文, 彭娟娟. 技术创新与管理 [M]. 北京: 社会科学文献出版社, 2005.

[6] 李彦, 李翔龙, 赵武, 等. 融合认知心理学的产品创新设计方法研究 [J]. 计算机集成制造系统, 2005, 11(9): 1201-1207.

[7] John Terninko, Alla Zusman, Boris Zlotin. Systematic Innovation: An Introduction to TRIZ (Theory of Inventive Problem Solving) [M]. Castries: St. Lucie Press, 1998.

[8] 傅家骥. 技术创新学 [M]. 北京: 清华大学出版社, 1998.

[9] 高常青. 机械产品快速创新设计及其关键技术的研究 [D]. 济南: 山东大学, 2006.

[10] 高常青. TRIZ——发明问题解决理论 [M]. 北京: 科学出版社, 2011.

[11] 檀润华. TRIZ 及应用: 技术创新过程与方法 [M]. 北京: 高等教育出版社, 2010.

[12] 檀润华. 发明问题解决理论 [M]. 北京: 科学出版社, 2004.

[13] 高常青, 陈伟, 密善民, 等. 基于 TRIZ 的技术预测方法研究与应用 [J]. 机械设计, 2014, 31(8): 1-5.

[14] 高常青, 杨波, 吕冰, 等. 基于功能分析的技术系统裁剪方法 [J]. 机械设计, 2011, 28(4): 92-96.

[15] 高常青, 杨波, 吕冰, 等. 科学效应在产品概念设计中的应用 [J]. 组合机床与自动化加工技术, 2014(5): 46-49.

[16] 高常青, 吕冰, 吕杰, 等. 创新方法推广应用中知识流动问题的探讨 [J]. 科技管理研究, 2012(21): 162-166.

[17] 高常青, 赵方, 吕冰, 等. 创新方法推广模式探讨 [J]. 黑河学院学报, 2012, 3(1): 5-9.

[18] 高常青, 杨波, 许佳立, 等. 科学效应及其知识表示与推理方法研究 [J]. 机械设计, 2014, 31(10): 4-7.

[19] 高常青, 赵方, 王潍, 等. 发明问题解决理论与机械类本科生创新能力的培养 [J]. 现代制造技术与装备, 2009(3): 100-103.